FORSCHUNGSBERICHT DES LANDES NORDRHEIN-WESTFALEN

Nr. 2670/Fachgruppe Elektrotechnik/Optik

Herausgegeben im Auftrage des Ministerpräsidenten Heinz Kühn
vom Minister für Wissenschaft und Forschung Johannes Rau

Prof. Dr.-Ing. Kurt Bergmann
Prof. Dr.-Ing. Erhard Möller
Prof. Dr.-Ing. Joachim Rockschies

Fachhochschule Aachen
Fachbereich 5, Laboratorium für Elektrische Meßtechnik

Entwicklung eines potentialunabhängigen Proportionalkompensators nach dem Prinzip des magnetischen Komparators

Springer Fachmedien Wiesbaden GmbH

CIP-Kurztitelaufnahme der Deutschen Bibliothek

Bergmann, Kurt
Entwicklung eines potentialunabhängigen Proportionalkompensators nach dem Prinzip des magnetischen Komparators / Kurt Bergmann; Erhard Möller; Joachim Rockschies. - 1. Aufl. -
Springer Fachmedien Wiesbaden GmbH, 1977.

(Forschungsberichte des Landes Nordrhein-Westfalen; Nr. 2670 : Fachgruppe Elektrotechnik/Optik)

ISBN 978-3-531-02670-1 ISBN 978-3-663-06784-9 (eBook)

DOI 10.1007/978-3-663-06784-9

NE: Möller, Erhard :; Rockschies, Joachim:

Inhalt

1. Einleitung und Übersicht

1.1. Definition und Anwendungsbereich eines potentialunabhängigen Proportionalkompensators

Unter einem potentialunabhängigen Proportionalkompensator wird hier eine vierpolähnliche Übertragungseinheit verstanden, die eine konstante oder langsam veränderliche Eingangsspannung U_1 in eine dazu - im Idealfalle - streng proportionale Ausgangsspannung $U_2 = kU_1$ überführt, ohne daß hierbei zwischen dem Eingangsklemmenpaar und dem Ausgangsklemmenpaar galvanisch leitende Verbindungen, isolationsmindernde Leitwerte oder Fehlerströme irgendwelcher Art wirksam werden. Symbolisch kann eine derartige Übertragungseinheit gemäß Bild 1 durch einen potentialfreien Eingangswiderstand und eine potentialfreie, gesteuerte Spannungsquelle charakterisiert werden. Im Interesse einer universellen meßtechnischen Anwendbarkeit sollten hierbei Übertragungsgenauigkeiten der Größenordnung 10^{-5} erreicht werden. Bei vollständiger Ausrüstung soll der Proportionalitätsfaktor k in einer für den jeweils vorgesehenen Anwendungszweck geeigneten Stufung präzise schaltbar sein.

Derartige Übertragungseinrichtungen werden in der Meßtechnik bespielsweise benötigt, um Referenzspannungen zu übertragen (vgl. Bild 2a), bei Meßwertumformern einen stabilen, kompensatorischen Nullabgleich einzustellen (Bild 2b) oder Spannungsmessungen nach dem Kompensationsprinzip auch unter erschwerenden Potentialbedingungen durchführen zu können (Bild 2c).

1.2. Technische Realisierungsmöglichkeiten

1.2.1. Nichtmagnetische Verfahren

Eine Möglichkeit der Realisierung derartiger isolierender Übertragungseinheiten bestünde in der Verwendung optoelektronischer Koppelelemente. Bei den vorliegenden Genauigkeitsanforderungen ist eine optoelektronische Übertragung nur unter Zwischenschaltung von Analog-Digital- und Digital-Analog-Umsetzern denkbar. Der erforderliche Schaltungsaufwand wäre erheblich, ohne daß damit zugleich das Problem der Realisierung sehr genau definierter Schaltstufen des Übersetzungsfaktors k elegant gelöst wäre; hierfür müßte eine größere Anzahl extrem präziser Widerstände eingesetzt werden. Vor ähnliche Schwierigkeiten würde man bei der Verwendung anderer nichtmagnetischer Koppelmedien gestellt werden.

1.2.2. Magnetische Verfahren

Als besonders zweckmäßiges Koppelmedium bietet sich ein durch eine stromdurchflossene Spule erzeugtes Magnetfeld an, welches natürlich anschließend durch geeignete Verfahren präzise detektiert werden muß. Hierbei kann zugleich das Problem der präzisen Umschaltung des Übersetzungsfaktors k einfach gelöst werden, nämlich durch Windungszahlumschaltung. Bei geeigneter Wickeltechnik sind Windungszahlverhältnisse sehr präzise definiert.

Bild 1. Symbolische Darstellung eines potentialunabhängigen Proportionalkompensators.

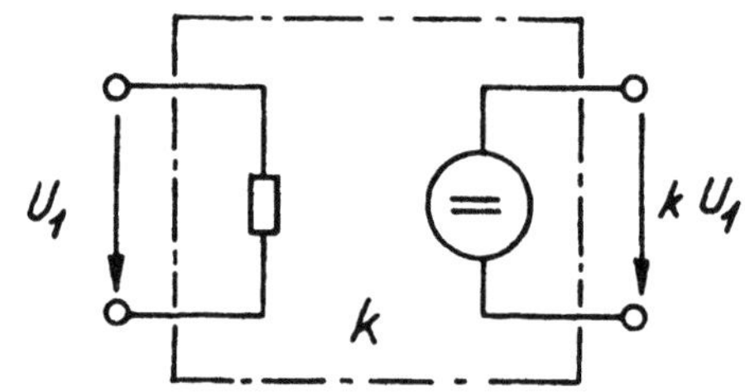

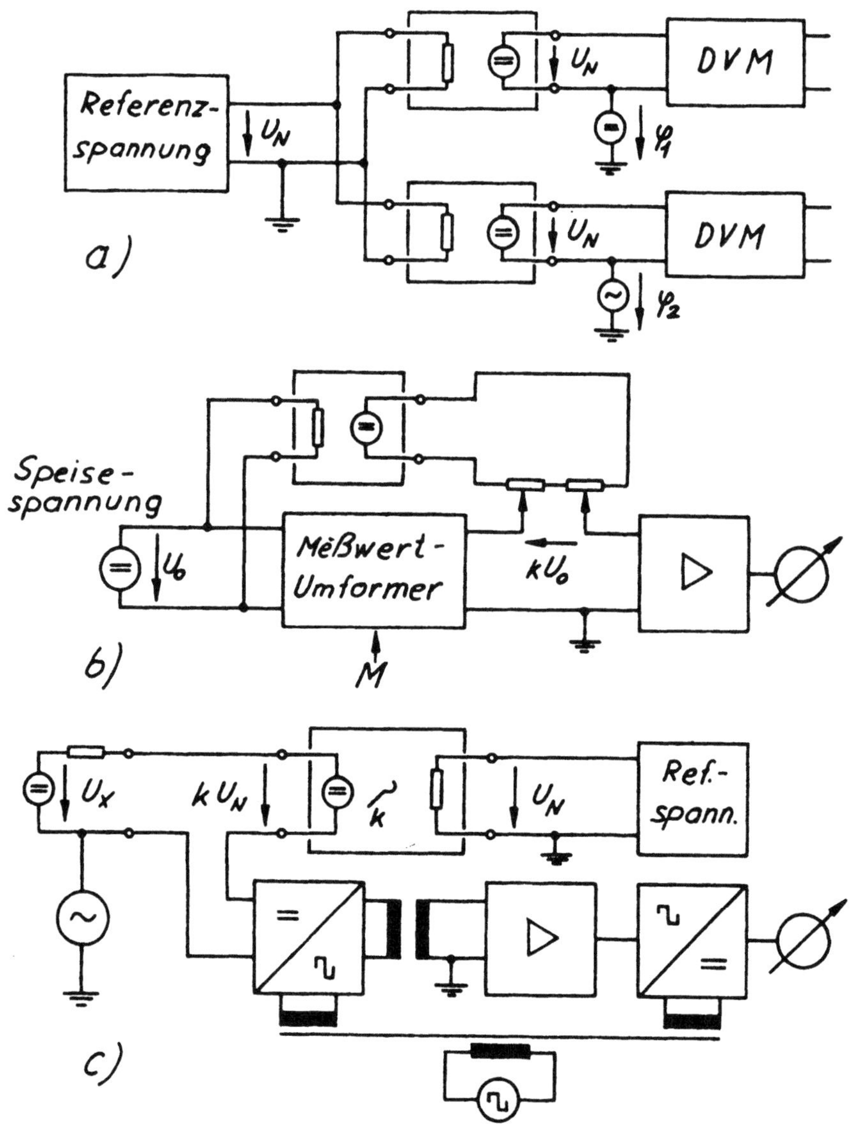

Bild 2. Anwendungsbeispiele für potentialunabhängige Proportionalkompensatoren.

1.2.2.1. Luftspaltfeld-Methode

Ein besonders einfaches Detektorverfahren besteht darin, ein von einer stromdurchflossenen Spule erzeugtes Luftspaltfeld mit Hilfe eines Hall-Generators zu erfassen. Dieses Prinzip wird beispielsweise für Trennverstärker eingesetzt [1], vermag aber den hier zugrunde gelegten Genauigkeitsvorstellungen nicht zu entsprechen.

1.2.2.2. Methode der zweiten Harmonischen

Beaufschlagt man einen ferromagnetischen Kern mit einer sinusförmigen Durchflutung, so enthält die in der Erregerwicklung oder einer weiteren Detektorspule induzierte Spannung infolge der Nichtlinearität der Magnetisierungskennlinie Oberschwingungen. Ist die Magnetisierungskennlinie streng symmetrisch, enthält die magnetische Induktion und damit auch die induzierte Spannung nur ungeradzahlige Harmonische. Wird der sinusförmigen Durchflutung eine Gleichdurchflutung unterlagert, dann wird die Magnetisierungskennlinie durch den Wechselanteil der Durchflutung unsymmetrisch ausgesteuert, und es erscheinen zusätzlich geradzahlige Harmonische, die um so ausgeprägter hervortreten, je größer die Gleichdurchflutung wird. Man kann deshalb beispielsweise durch Ausfiltern der zweiten Harmonischen die Existenz einer Gleichdurchflutung detektieren [2], [3].

Bild 3 zeigt ein hierauf beruhendes technisches Verfahren, das beispielsweise von KUSTERS und Mitarbeitern in den Jahren 1964 und 1965 ausführlich beschrieben worden ist, [4] bis [7]. Zwei weichmagnetische Ringkerne werden durch ein sinusförmiges Modulationssignal der Frequenz f_o bis in den Sättigungsbereich hinein gegensinnig magnetisiert. Beide Ringkerne werden außerdem von einer Anzeigewicklung W_A und zwei Gleichstromwicklungen W_1 und W_2 durchsetzt. Die Anzeigewicklung speist eine auf die Frequenz $2f_o$ abgestimmte Anzeigeeinrichtung. Setzt man voraus, daß die Ringkerne in ihren magnetischen Eigenschaften hinreichend symmetrisch sind, dann wird in der Anzeigewicklung kein Signal mit der Frequenz $2f_o$ induziert, so lange die resultierende Gleichdurchflutung null ist. Tritt eine resultierende Gleichdurchflutung auf, dann wird ein Kern weiter in den Sättigungsbereich hineingesteuert als der andere und infolge dieser Unsymmetrie in der Anzeigewicklung ein Wechselspannungsanteil der Frequenz $2f_o$ induziert. Auf diese Weise läßt sich bei z.B. gleichen Windungszahlen $W_1 = W_2$ die Übereinstimmung zweier Gleichströme I_1 und I_2 feststellen, ohne daß hierfür eine galvanisch leitende Verbindung zwischen beiden Stromkreisen hergestellt werden müßte.

1.2.2.3. Spitzendetektorverfahren (KUSTERS, MacMARTIN)

Verfolgt man die Arbeiten von KUSTERS und MacMARTIN weiter über die Jahre 1966 bis 1968, so sieht man, daß das sinusförmige Modulationssignal durch eine näherungsweise rechteckförmige Wechselspannung ersetzt worden ist [8], [9]. In diesem Falle ist der Induktionsverlauf in den Kernen näherungsweise dreieckförmig, die Sättigungsgrenze wird jeweils nur kurzzeitig überschritten. In den Übersättigungszeiten werden in der Anzeigewicklung schmale, spitzenförmige Spannungsimpulse induziert, wobei einander jeweils abwechselnd positive und ne-

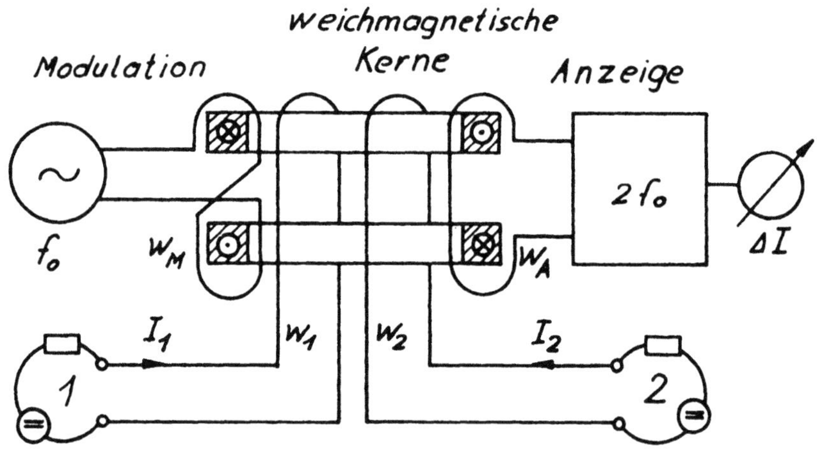

Bild 3. Prinzip eines Magnetkomparators mit Selektion der zweiten Harmonischen [4].

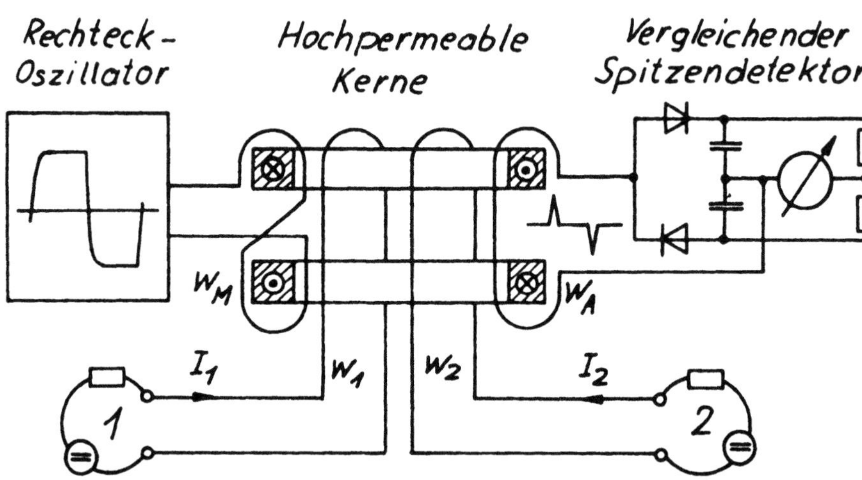

Bild 4. Prinzip eines Magnetkomparators mit vergleichendem Spitzendetektor [8], [9].

gative Impulse folgen. Beide haben - im Idealfalle - den gleichen Spitzenwert, so lange keine resultierende Gleichdurchflutung auftritt, und unterschiedliche Spitzenwerte, wenn eine resultierende Gleichdurchflutung vorhanden ist. Man kann daher nun die Übereinstimmung zweier Gleichströme I_1 und I_2 gemäß Bild 4 mit Hilfe eines vergleichenden Spitzendetektors feststellen.

Der Vorteil dieser Betriebsweise liegt nicht nur darin, daß die Spitzendetektorschaltung wesentlich einfacher ist als eine Selektionsschaltung für die zweite Harmonische, sondern vor allem auch darin, daß man den Rechteckoszillator so auslegen kann, daß die Umkippvorgänge immer genau dann ausgelöst werden, wenn im Komparator die Sättigungsgrenze erreicht ist. Auf diese Weise paßt sich die Betriebsfrequenz automatisch Änderungen der Sättigungsinduktion oder der Spannungsamplitude an, so daß ein stabiler Betrieb gewährleistet ist.

In späteren Arbeiten haben KUSTERS und Mitarbeiter noch einige weitere Anwendungsbeispiele aus dem Bereich gleichspannungsgespeister Meßbrücken und Kompensatoren höchster Präzision beschrieben, das Detektorverfahren jedoch im Grundsätzlichen nicht mehr abgewandelt, [10] bis [14].

1.2.2.4. Flächendetektorverfahren (HAHLBOHM, LUTHER)

Im Jahre 1969 haben HAHLBOHM und LUTHER durch eine theoretische Untersuchung, bei der es um die Berechnung der maximal erreichbaren Empfindlichkeit eines Gleichstromkomparators ging, ein die induzierten Spannungs-Zeit-Flächen auswertendes Detektorverfahren nahegelegt [15]. Multipliziert man die induzierte Spannungs-Zeit-Funktion mit einer phasenrichtig gewählten Umpolfunktion doppelter Frequenz, und integriert man anschließend, so ist das Ergebnis der Integration null, wenn die zugrunde liegende Hystereseschleife frei von symmetriestörenden Einflüssen durchlaufen wird. Wird die Symmetrie des Aussteuervorganges jedoch durch eine Gleichstromvormagnetisierung gestört, so ergibt die Integration einen von Null verschiedenen Wert. Für die Realisierung dieses Verfahrens ist ein sehr präzise arbeitender, elektronischer Kommutierungsschalter erforderlich, der dann natürlich einen beträchtlich größeren schaltungstechnischen Aufwand darstellt, als er für die beiden zuvor beschriebenen Verfahren erforderlich ist.
Die Integration kann im Prinzip mit einem einfachen RC-Tiefpaß erfolgen.

Vom theoretischen Standpunkt aus ist bemerkenswert, daß sich für die Ausgangsspannung dieses (hierbei verstärkerlos gedachten) Detektors ein von der speziellen Form der Hystereseschleife und der Wechselerregung unabhängiger Wert ergibt:

$$\bar{u} = 4 f w A H \mu_{max} . \qquad (1)$$

Hierbei ist f die Wechselfeldfrequenz, w die Windungszahl der Detektorwicklung, A der Kernquerschnitt, H die Gleicherregung und μ_{max} die maximale differentielle Permeabilität des Kerns. Bezüglich der Amplitude der Wechselerregung muß hierbei lediglich vorausgesetzt werden, daß die Sättigungsgrenze erreicht oder überschritten wird.

1.2.2.5. Werkstoffprobleme

Es ist leicht einzusehen, daß die Empfindlichkeit eines Detektors gegenüber Gleichdurchflutungen um so höher sein wird, je hochpermeabler das Kernmaterial ist; für das Flächendetektorverfahren erkennt man das auch formal an dem von HAHLBOHM und LUTHER hergeleiteten Ausdruck Gl. (1). Prinzipiell wird man also ein möglichst weichmagnetisches Kernmaterial einzusetzen haben, sofern man nicht aus fertigungstechnischen und wirtschaftlichen Gründen auch anders liegende Kompromisse in Betracht ziehen will.

Es besteht jedoch noch ein anderer Problemkreis, durch den extrem weichmagnetische Werkstoffe weit nachdrücklicher erzwungen werden, als durch das Empfindlichkeitsproblem allein.

Im Jahre 1936 berichtete HUGHES über deutlich erkennbare Unsymmetrieerscheinungen bei der Aufnahme von Hystereseschleifen weichmagnetischer Nickel-Eisen-Legierungen [16]. Diese Unsymmetrieerscheinungen konnten beispielsweise durch starke magnetische Übersteuerungen dem Vorzeichen nach umgekehrt werden, sie verschwanden jedoch nicht durch einfaches Reduzieren und Wiederaufbauen der Induktion. Sie mußten demnach zu der Annahme führen, daß in ferromagnetischen Blechen Polarisationserscheinungen auftreten, und zwar auch dann, wenn eine periodische Wechselmagnetisierung erfolgt [17].

Eine Gleichpolarisation, die zu Unsymmetrieerscheinungen in der Hystereseschleife des Kerns führt, muß jedoch bei jedem Detektorverfahren zur Vortäuschung einer Gleichdurchflutung führen. Ändert sich die Polarisation in Abhängigkeit von der magnetischen Vorgeschichte des Kerns, so entspricht dies einer Nullpunktverwerfung des Komparators. Es ist zu erwarten, daß derartige Polarisationserscheinungen eng mit dem Hystereseverhalten des Kernmaterials zusammenhängen, und daß sie nur dann vernachlässigbar klein bleiben können, wenn das Kernmaterial eben sehr hysteresearm ist.

Weitere Schwierigkeiten entstehen, wenn eine derartige Polarisation nicht stabil ist, sondern Nachwirkungserscheinungen zeigt. In diesem Falle zeigt ein magnetischer Komparator nicht nur Nullpunktverwerfungen nach magnetischen Übersteuerungen, sondern auch noch ein Nullpunktkriechen.

1.2.2.6. Supraleitende Schirmung

In den Jahren 1972 und 1973 berichteten HARVEY sowie GROHMANN, HAHLBOHM, LÜBBIG und RAMIN, daß die Wirkung von hochpermeablen Eisenkernen in Präzisions-Stromkomparatoren durch metallische Schirme im supraleitenden Zustand ersetzt werden kann [18], [19]. Umschließt man beispielsweise die beiden Leiter, die die miteinander zu vergleichenden Ströme I_1 und I_2 führen, durch einen supraleitenden Schirm, so läßt sich zeigen, daß das Magnetfeld außerhalb des supraleitenden Schirms keine Streufeldanteile der Einzelleiter mehr enthält, sondern mit hoher Präzision allein zur Durchflutungssumme proportional ist. Das bedeutet, daß ein hochpermeabler Kern nicht mehr erforderlich ist, sondern einfach das resultierende Luftfeld detektiert werden kann.

Vom physikalischen Standpunkt aus ist damit natürlich eine ideale Lösung gefunden, bei der alle ferromagnetischen Nebeneffekte prinzipiell entfallen. Wegen des beträchtlichen technischen Aufwandes wird dieses Verfahren jedoch voraussichtlich auf Basislaboratorien beschränkt bleiben müssen und kaum in die praktische Meßtechnik übernommen werden können.

1.3. Übersicht über den Entwicklungsablauf

1.3.1. Verfahrensentscheidung

Angesichts der geforderten Genauigkeitsklasse 10^{-5} mußten nichtmagnetische analoge Verfahren von vornherein ausgeschieden werden. Eine A/D- und D/A-Umsetzung erschien zu aufwendig und hätte auch das Problem der Umschaltung des Übersetzungsfaktors k nicht auf einfache Weise gelöst.

Unter den magnetischen Verfahren wurde zunächst das der zweiten Harmonischen ausgeschieden, da bei der hier vorliegenden Aufgabenstellung mit dem zusätzlichen Filteraufwand kein erkennbarer Vorteil verbunden gewesen wäre.

Als schaltungstechnisch besonders wirtschaftlich wurde das Spitzendetektorverfahren ausgewählt und optimiert. Das Flächendetektorverfahren wurde für Laboruntersuchungen realisiert, aber nicht bis zur technischen Einsatzreife optimiert.

Das mit supraleitenden Schirmen arbeitende Verfahren mußte wegen des damit verbundenen technischen Aufwandes außer Betracht bleiben.

1.3.2. Weiterentwicklung des Spitzendetektorverfahrens

Da über die Größenordnung der zu erwartenden werkstoffabhängigen Polarisations- und Nachwirkungserscheinungen in der bisher verfügbaren Literatur wenig konkrete Angaben zu finden sind, ist vor Beginn dieser Arbeit ein Vorversuch mit MUMETALL-Kernblechen M 30 DIN 41302 durchgeführt worden [20]. Er zeigte, daß eine der wesentlichsten Aufgaben der Systementwicklung darin bestehen mußte, magnetische Übersteuerungen zu verhindern.

Die bisher verfügbare Literatur enthält auch nur einige wenige, lediglich experimentell belegte Dimensionierungshinweise [7],[8]. Es mußten deshalb zunächst schaltungstheoretisch begründete Dimensionierungsunterlagen geschaffen werden, die in Abschnitt 2.1 ausführlich dargestellt sind. Hier soll nur ein kurzer Überblick über den Verlauf der Systementwicklung gegeben werden.

Zunächst zeigt Bild 5, wie die Komparatorschaltung nach Bild 4 im Prinzip in eine potentialunabhängig arbeitende Spannungs-Übertragungseinheit überführt werden kann, indem man einen integralwirkenden Regler I ergänzt. Die Eingangsspannung U_1 wird in einen Eingangsstrom I_1 überführt, die dadurch entstehende Gleichdurchflutung des Komparators durch den vom Integralregler eingestellten Strom I_2 kompensiert. Im stationären Zustand des Systems ist dann die Ausgangsspannung im Prinzip proportional zur Eingangsspannung, d. h. es gilt $U_2 = kU_1$.

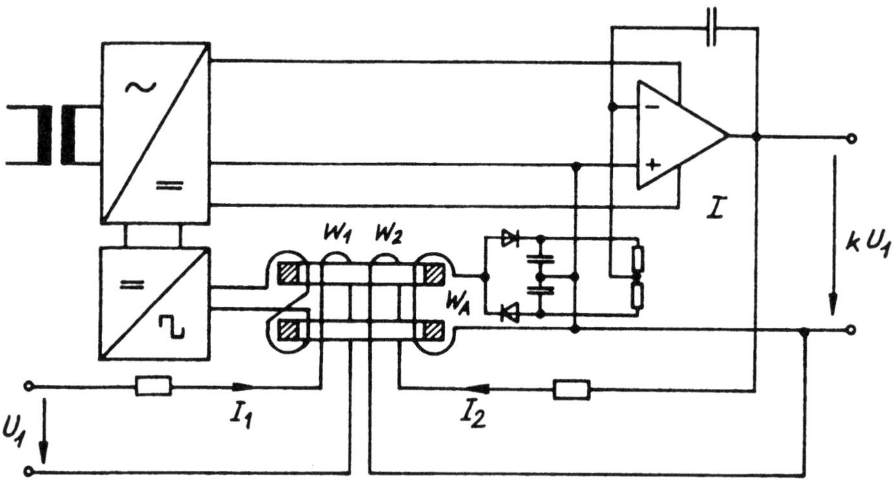

Bild 5. Potentialunabhängige Gleichspannungsübertragung mit Magnetkomparator, Spitzendetektor und I-Regler.

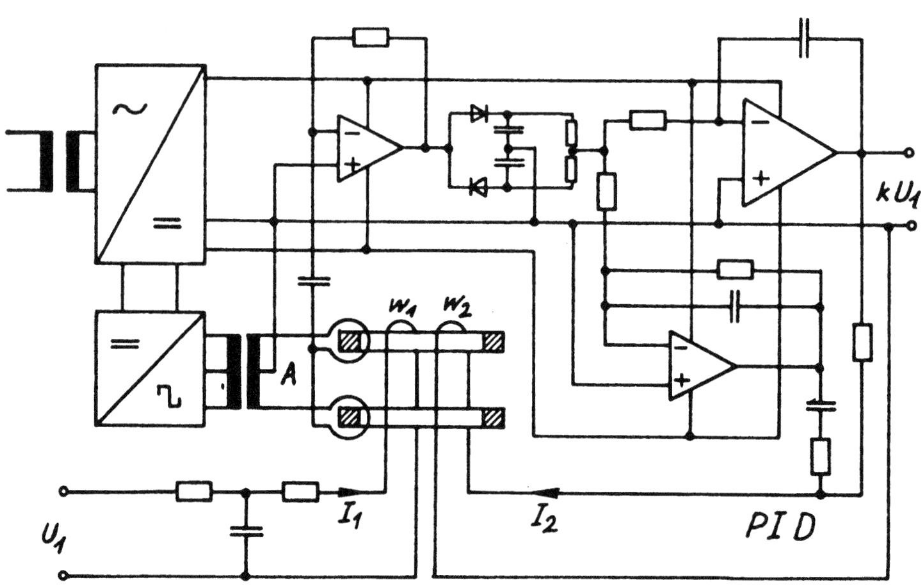

Bild 6. Potentialunabhängige Gleichspannungsübertragung mit Magnetkomparator, Spitzendetektor, kurzschließendem Detektoreingang und PID-Regler.

In dem Komparatorsystem nach Bild 4 werden die Übersättigungsimpulse natürlich nicht nur in der Anzeigewicklung W_A induziert, sondern auch in den physikalisch völlig gleichartig angeordneten Wicklungen W_1 und W_2. Dadurch werden in den Eingangs- und Kompensationskreis unerwünschte Wechselströme verschleppt, und im Leerlauffalle können in den Wicklungen W_1 und W_2 gefährlich hohe Spannungen auftreten.

In der abgeänderten Struktur nach Bild 6 wird die Übersättigungsinformation aus dem ebenfalls impulsförmigen Kurzschlußstrom der primärseitigen Brückenschaltung A gewonnen. Dabei wird beiden Wechselspannungswicklungen stets nahezu die gleiche, starre Speisespannung aufgeprägt. Unter dieser Randbedingung bleibt die resultierende Wechselspannung in den Gleichstromwicklungen klein. Eine eingehendere schaltungstheoretische Darstellung bringt Abschnitt 2.1.2.

Mit Rücksicht auf das schon zu Beginn dieses Abschnittes angesprochene Problem der magnetischen Übersteuerung muß jetzt das dynamische Verhalten des Folgeregelsystems kurz betrachtet werden. Wenn die zu übertragende Eingangsspannung U_1 sprungartig in Erscheinung tritt, tritt während der Verzögerungszeit, die der Regler benötigt, bis die aufgetretene Durchflutungsänderung kompensiert ist, im Magnetkomparator eine Gleichdurchflutung auf, die um einige Zehnerpotenzen höher ist als die nach erfolgter Ausregelung verbleibende restliche, resultierende Gleichdurchflutung. Die weichmagnetischen Kerne werden dadurch kurzzeitig magnetisch weit übersteuert und kehren danach auf einen mehr oder weniger zufällig veränderten Wert der verbleibenden mittleren Remanenzinduktion zurück. Eine Änderung der verbleibenden mittleren Remanenzinduktion wird vom Detektorsystem aber als scheinbare Durchflutungsänderung interpretiert und führt damit zu einer Nullpunktverlagerung (mit anschließendem Nullpunktkriechen, vgl. Abschnitt 1.2.2.5). Aus diesem Grunde mußte ein Weg gesucht werden, derartige Übersteuerungserscheinungen zu verhindern. Zunächst wurde entsprechend Bild 6 der I-Regler durch einen PID-Regler ersetzt, jedoch erwies sich dieses Verfahren nicht als hinreichend leistungsfähig, unter anderem deshalb, weil man damit die Trägheit des Detektorsystems selbst nicht unwirksam machen kann.

Es mußte vielmehr dafür gesorgt werden, daß sprungartig einsetzende Primärdurchflutungen unabhängig vom trägen Regler im sekundären Stromkreis augenblicklich einen Kompensationsstrom in Gang setzen, der so lange wirksam bleiben muß, bis die Verzögerungsphase des Reglers überwunden ist. Hierfür erwies sich das Prinzip eines "kurzgeschlossenen Stromwandlers" als sicherste Lösung: Die Kompensationswicklung W_2 muß bezüglich der äußeren Abschlußbedingungen im Kurzschluß betrieben werden! Tritt nun in Wicklung W_1 ein Stromsprung auf, dann wird in der kurzgeschlossenen Wicklung W_2 ein Ausgleichsstrom induziert, der genau so groß ist, daß im Sprungaugenblick die resultierende Kerndurchflutung annähernd gleich Null bleibt. Der Ausgleichsstrom klingt anschließend mit der Zeitkonstante des kurzgeschlossenen Sekundärkreises ab; die Zeitkonstante muß so groß sein, daß währenddessen der Regler die Kompensationsaufgabe übernehmen kann. Eine eingehendere theoretische Behandlung enthält Abschnitt 2.1.8. Um die Kopplung zwischen Primär- und Sekundärkreis fester zu machen und gleichzeitig ein Kurzschließen der in der Wicklung W_2 natürlich ebenfalls induzierten restlichen Detektionsimpulse zu verhindern, wurde eine "Zweifadendrossel" ZD in der Einfügung nach Bild 7 ergänzt.

Da der magnetische Komparator physikalisch gesehen die durch die S t r ö m e in den Wicklungen W_1 und W_2 entstehenden Durchflutungen miteinander vergleicht, ist eine genaue Spannungsübertragung nur dann gewährleistet, wenn in Ein- und Ausgangsstromkreis jeweils einander entsprechende Strom-Spannungs-Verhältnisse fixiert werden können. In dem Konzept nach Bild 6 kann diese Forderung nur in erster Näherung erfüllt werden, nämlich dann, wenn in beiden Stromkreisen das Verhältnis zwischen dem temperaturabhängigen Widerstand der Kupferwicklung und dem in Reihe geschalteten Präzisionswiderstand genau gleich gemacht wird, oder wenn jeder Kreis für sich temperaturkompensiert würde. Die experimentelle Prüfung zeigte jedoch, daß innerhalb des Wickelraumes Wärmeströmungen und damit Temperaturgradienten auftreten, die ein derartiges Konzept empfindlich stören würden. Einige hundertstel Grad Temperaturunterschied zwischen beiden Wicklungen genügen bereits, um das U/I-Verhältnis um mehr als 10^{-5} unterschiedlich zu verändern. Aus diesem Grunde wurde im Eingangskreis ein U/I-Konverter und im Ausgangskreis ein I/U-Konverter ergänzt. Hierbei hängt das Strom-Spannungs-Verhältnis in beiden Kreisen nur noch von hochkonstanten Präzisionswiderständen ab. Die Fehlereinflüsse der elektronischen Elemente konnten durch Auswahl hochwertiger integrierter Verstärker hinreichend klein gemacht werden. So gelangt man dann zu dem endgültigen Konzept in Bild 7. Im Detektorteil wurde die kurzgeschlossene Brückenschaltung wieder durch eine Anzeigewicklung ersetzt, ebenfalls im Kurzschlußbetrieb, um die direkte Einkopplung von Störsignalen des Oszillators in das Detektorsystem zu unterbinden; schaltungstheoretische Gesichtspunkte werden in Abschnitt 2.1.7 behandelt.

In der Betriebsschaltung nach Bild 7 sind Komparatorbauformen aus gestanzten Blechen (MUMETALL, VACOPERM 100) und aus Bandringkernen (VACOPERM 100, ULTRAPERM 10, ULTRAPERM 10 TK) entwickelt und erprobt worden. Bauformen aus gestanzten Blechen sind wickeltechnisch einfacher herzustellen, jedoch muß bei ihnen auf optimale Kernblecheigenschaften verzichtet werden. Die Zweifadendrossel wurde bei Kernblechtypen getrennt gewickelt. Bei Ringkernkomparatoren wurden zur Erzielung des Drosseleffektes bei der Herstellung der Steuerwicklungen zwei zusätzliche Ringkerne mit eingewickelt. Umgebungseinflüsse magnetischer Art werden durch Mumetall-Abschirmbecher von den Komparatorkernen ferngehalten. Technische Details sind in den Abschnitten 2.1.10 und 4.3 beschrieben.

1.3.3. Hysterese- und Nachwirkungsprobleme

Bild 8 zeigt vorab typische Meßergebnisse für das Hysterese- und Kriechverhalten einiger handelsüblicher Kernwerkstoffe in der Betriebsschaltung nach Bild 7. Nach einer starken magnetischen Übersteuerung, wie sie auch bei dem Verfahren des "kurzgeschlossenen Stromwandlers" im Einschaltaugenblick oder bei Betriebsunterbrechungen (z.B. Netzspannungsausfällen) auftreten kann, beginnt der Betrieb mit einer mehr oder weniger zufälligen Nullpunktverwerfung, in Bild 8a z.B. bei A, B, C oder D.

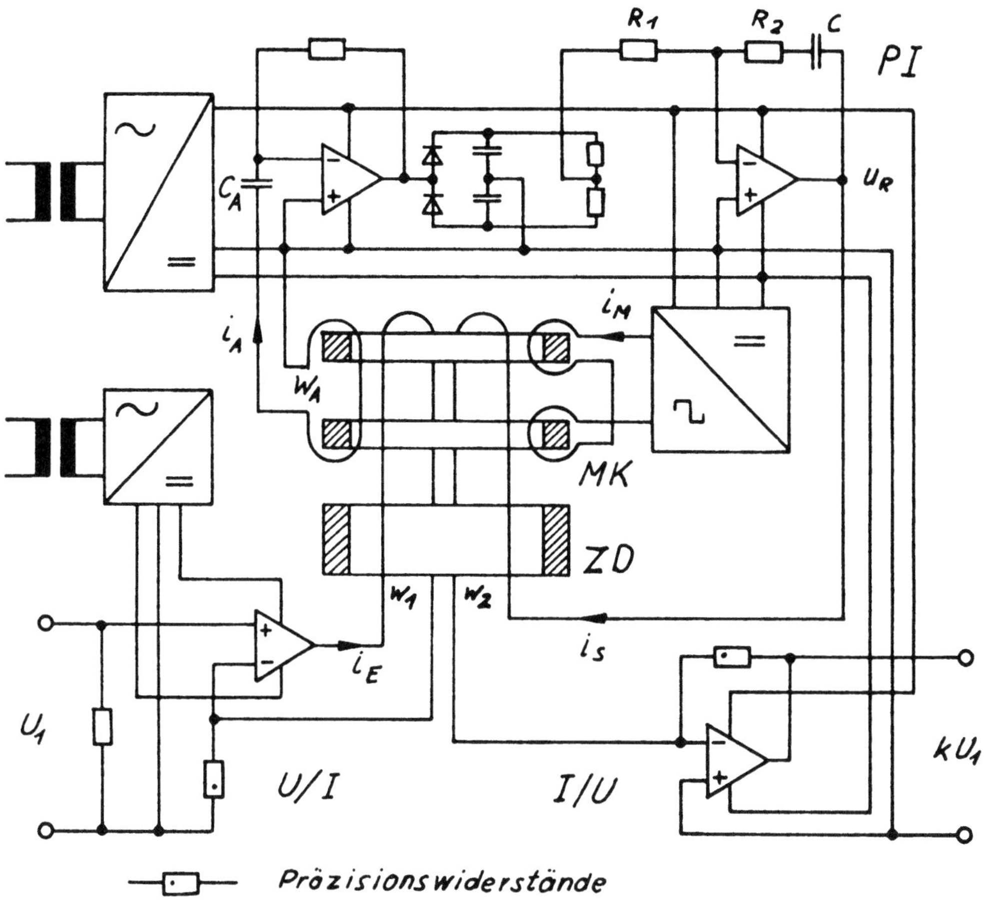

Der Übersetzungsfaktor k kann durch Umschalten der Windungszahl W_1 geändert werden, wodurch sich eine sehr präzise Stufung erreichen läßt. Ein PI-Regler ist aus stabilitätstheoretischen Gründen erforderlich. Der Kondensator C_A verhindert Gleichströme durch die Anzeigewicklung W_A.

Bild 7. Potentialunabhängige Gleichspannungsübertragung mit Magnetkomparator, Zweifadendrossel, Spitzendetektor, PI-Regler sowie U/I-Konverter auf der Eingangsseite und I/U-Konverter auf der Ausgangsseite.

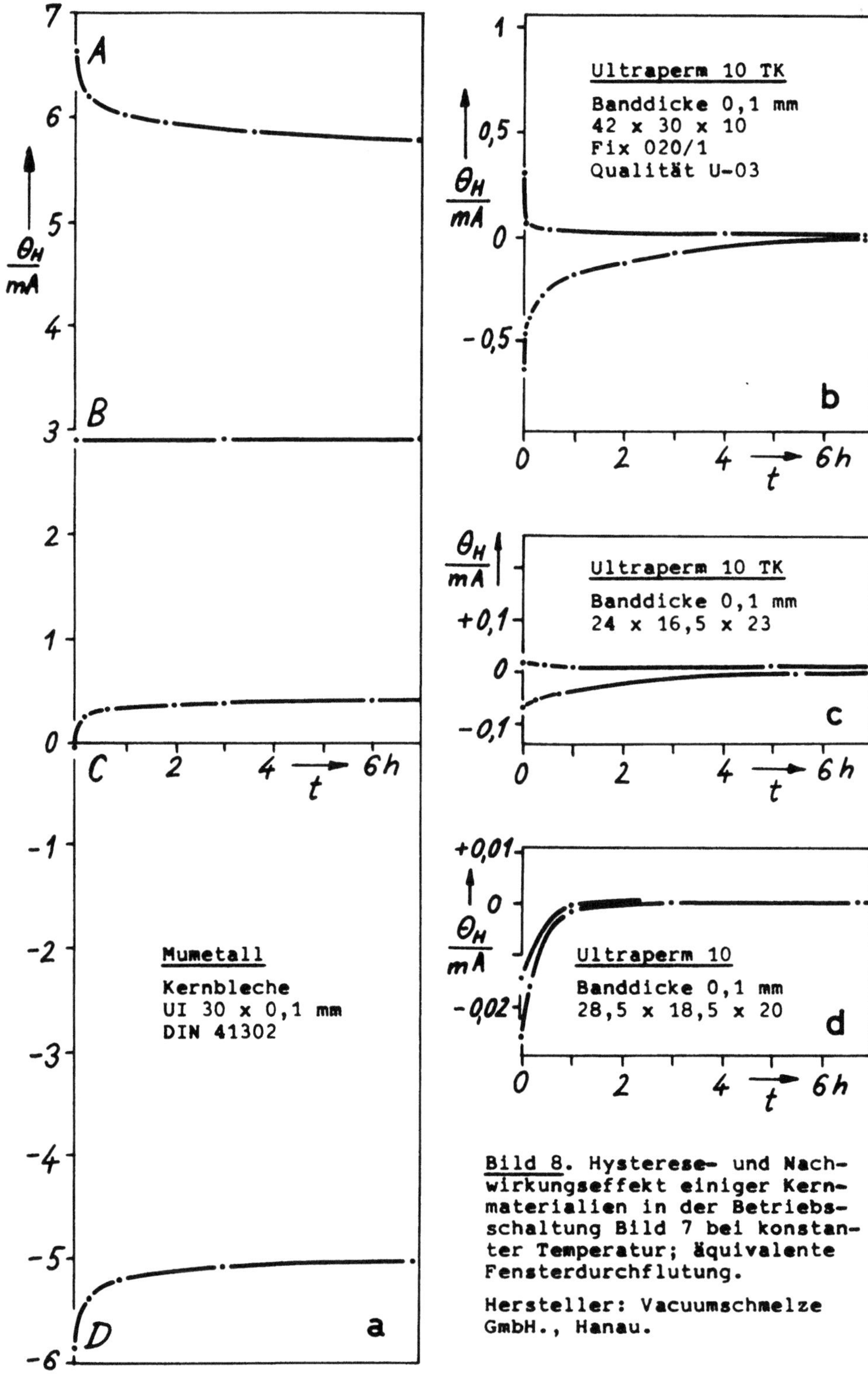

Bild 8. Hysterese- und Nachwirkungseffekt einiger Kernmaterialien in der Betriebsschaltung Bild 7 bei konstanter Temperatur; äquivalente Fensterdurchflutung.

Hersteller: Vacuumschmelze GmbH., Hanau.

Kernmaterial (vgl. Bild 8)	Mumetall UI 30 x 0,1mm DIN 41302	Mumetall M 30 x 0,05mm DIN 41302	Ultraperm 10TK Band 0,1mm 42 x 30 x 10	Ultraperm 10TK Band 0,1mm 24 x 16,5 x 23	Ultraperm 10 Band 0,1mm 28,5x18,5x20
Hysteresefehler, absolut, Durchflutungswert	± 7 mA	± 1,8 mA	± 0,7 mA	± 0,08 mA	± 0,03 mA
Folgeangaben mit/ohne Zweifadendrossel	ohne	ohne	mit	ohne	ohne
Wickelquerschnitt Kompensationswicklung	2,1 cm^2 97 mm^2	0,7 cm^2 32 mm^2	5,3 cm^2 200 mm^2	1,5 cm^2 80 mm^2	1,5 cm^2 80 mm^2
mittl. Windungslänge	6 cm	8 cm	15 cm	12 cm	12 cm
Θ bei $S = 4A/mm^2$ und $f_{Cu} = 0,5$	194 A	64 A	400 A	160 A	160 A
Kompensationsleistung	0,8 W	0,36 W	1 W	1,3 W	1,3 W
Hysteresefehler, relativ	$36 \cdot 10^{-6}$	$28 \cdot 10^{-6}$	$1,7 \cdot 10^{-6}$	$0,5 \cdot 10^{-6}$	$0,2 \cdot 10^{-6}$
Θ bei 50V, 10mA	151 A	---	283 A	98 A	98 A
Hysteresefehler, relativ	$46 \cdot 10^{-6}$	---	$2,5 \cdot 10^{-6}$	$0,8 \cdot 10^{-6}$	$0,3 \cdot 10^{-6}$
Θ bei 5V, 10mA	47 A	24 A	88 A	30 A	30 A
Hysteresefehler, relativ	$149 \cdot 10^{-6}$	$75 \cdot 10^{-6}$	$8 \cdot 10^{-6}$	$2,7 \cdot 10^{-6}$	$1 \cdot 10^{-6}$
Position in Bild 8	a	-	b	c	d

Tabelle 1. Hysteresebedingte Fehlergrenzen für einige typische Kernwerkstoffe und Kernformen, insbesondere nach Bild 8. Für die Wickelraumaufteilung liegt zugrunde: Modulations- und Anzeigeteil 8%, Steuerwicklung W_1 46%, Steuerwicklung W_2 46%, Kupferfüllfaktor 0,5. Berechnung nach Abschnitt 2.1.6.

Daran schließt sich dann ein Kriecheffekt an, der je nach Werkstoff 2 bis 12 Stunden lang verfolgt werden kann, ehe er sich im Bereich zufälliger Nullpunktschwankungen verliert.

Da eine Betriebsunterbrechung, z.B. infolge eines Netzspannungsausfalls, nicht ausgeschlossen werden kann, muß für die Fehlergrenzengarantie der Hysteresefehler zugrunde gelegt werden. Bei ungestörtem Betrieb tritt jedoch eine magnetische Übersteuerung nicht auf, so daß z.B. unter Laboratoriumsbedingungen eine um ein bis zwei Zehnerpotenzen bessere Nullpunktsicherheit erreicht werden kann. Der typische Übertragungsfehler eines Systems nach Bild 7 wird deshalb in der Regel um mindestens eine Zehnerpotenz kleiner sein als die anzugebenden Fehlergrenzen.

In Bild 8 ist die dem Hysterese- und Nachwirkungseinfluß äquivalente Fensterdurchflutung aufgetragen, die über die Kompensationswicklung aufgebracht werden muß. Für den sich daraus ergebenden relativen Übertragungsfehler ist entscheidend, welche Gesamtdurchflutung Θ über den für die Kompensationswicklung verfügbaren Teil des Wickelquerschnitts aufgebracht werden kann. In Tabelle 1 sind die sich rechnerisch ergebenden relativen Übertragungsfehler zusammengestellt, und zwar einerseits für die höchste zugelassene Stromdichte $4A/mm^2$, andererseits für die elektronisch zweckmäßigen Kompensationswicklungs-Nenndaten 50V/10mA (Betriebsspannungen ± 100V) und 5V/10mA (Betriebsspannungen ± 15V). Damit ist der Bereich des technisch Erreichbaren überschaubar.

Bei der Materialentscheidung für einen konkreten Anwendungsfall sind jedoch noch weitere Gesichtspunkte zu berücksichtigen, die durch die Übersicht in Tabelle 1 allein nicht erfaßt werden. Wenn z. B. die Wickelkosten niedrig bleiben müssen, so muß man bei schichtbaren Kernblechen bleiben, und dann kann nach Tabelle 1 die Fehlerklasse 10^{-5} nicht erreicht werden. Unter allgemeinen Betriebsbedingungen sind für das Spitzendetektorverfahren Ringkernpaare mit temperaturkompensierter Hystereseschleife erforderlich (vgl. Abschnitt 2.1.10), während beim Flächendetektorverfahren auf temperaturkompensierte Werkstoffe verzichtet werden kann (vgl. Abschnitt 2.2). Bei der Realisierung eines schaltbaren Kompensators müssen Leiterbündel gewickelt werden, wodurch sich der Kupferfüllfaktor weiter reduziert. Schließlich sind Ringkernabmessungen erforderlich, die gestatten, die Drosselkerne mit einzuwickeln, ohne daß konstruktiv unhandliche Bauformen entstehen. So mußte schließlich für den in Abschnitt 4 beschriebenen Kompensator der Ringkerntyp nach Bild 8b eingesetzt werden.

Bei Vorausberechnungen ist auch zu bedenken, daß die in Bild 8 dargestellten und in Tabelle 1 zugrunde gelegten Materialeigenschaften vom Hersteller in der Regel nicht garantiert werden können, zumindest nicht bei Kleinmengen. So beziehen sich z.B. die Bilder 8b und 8c auf das g l e i c h e Material in verschiedenen Ringkernabmessungen, und dennoch unterscheidet sich der Hystereseeffekt um fast eine Zehnerpotenz! Dies hängt möglicherweise auch damit zusammen, daß es sich bei der Kerntype nach Bild 8b um ein Muster aus einer Losgröße von 10 Stück handelt, während Bild 8c ein Muster aus einer laufenden Serienfertigung zugrunde liegt.

Einzelheiten zum Hysterese- und Nachwirkungsproblem bringt Abschnitt 3.

1.3.4. Potentialunabhängiger Proportionalkompensator

Das einsatzreife System nach Bild 7 kann dadurch zu einem feinstufig schaltbaren Proportionalkompensator weiterentwickelt werden, daß man die Windungszahl W_1 feinstufig veränderbar macht. In den höheren Dekaden bieten sich zur Erzielung einer hohen Stufengenauigkeit Windungszahlumschaltungen (in kurzschließender Schaltertechnik) an, während in untergeordneten Dekaden ohmsche Stromteiler in Form von Diesselhorst-Ringen verwendet werden können [21]. Die technischen Einzelheiten der Kompensatorentwicklung sind in Abschnitt 4 beschrieben.

2. Systementwicklung

2.1. Modifiziertes Spitzendetektorverfahren

2.1.1. Analyse der Literatur

Die Entwicklung des magnetischen Komparators vom Verfahren der zweiten Harmonischen [2] bis zum Spitzendetektorverfahren läßt sich anhand zahlreicher Arbeiten von KUSTERS, MacMARTIN und Mitarbeitern über die Jahre 1964 bis 1973 verfolgen, [4] bis [14].

2.1.1.1. Komparatoraufbau

Die grundsätzlichen Überlegungen für die Konstruktion eines magnetischen Komparators leiten sich aus der Technik von Präzisionsstromwandlern ab [4]. Ergänzend zu der Prinzipdarstellung in Bild 4 ist zu erwähnen, daß die von KUSTERS und Mitarbeitern beschriebenen Komparatoren zwischen den Steuerwicklungen (W_1,W_2) und dem Detektorsystem (W_M,W_A) einen magnetischen Schirm (Mumetallfolie) und einen elektrischen Schirm (Kupferfolie) enthalten. Diese Schirme sollen verhindern, daß Streufeldanteile der Einzelwicklungen (W_1 oder W_2) die Komparatorkerne erreichen [4]; vgl. hierzu auch [18], [19]. Läßt man die Schirmung weg, so ist das Verhältnis W_1/W_2 nur dann noch hochpräzise definiert, wenn die beiden Teilwicklungen miteinander extrem fest gekoppelt sind, etwa dadurch, daß sie zweifädig zusammen gewickelt werden [4]. Später wird noch erwähnt, daß sich in dem magnetischen Schirm ein Nebenfluß aufbaut, der die Kopplung zwischen den Steuerwicklungen fester macht und daher auch für eine bessere Übertragung von dynamischen Stromänderungen sorgt, und daß dadurch außerdem die Wechselstromkopplung zwischen dem Detektorteil und den Steuerwicklungen reduziert wird [9]. Außerdem schützt der magnetische Schirm die Kerne gegenüber äußeren Magnetfeldern [10]. Eine Beschreibung von Einzelheiten des Komparatoraufbaus findet man in [8].

Stromverhältnisänderungen erfolgen bis zum Teilfaktor 10^{-3} durch Windungszahlumschaltungen, dann weiter bis zum Teilfaktor 10^{-6} durch ohmsche Stromteiler [8].

2.1.1.2. Hystereseeffekte

KUSTERS erwähnt, daß der nach magnetischen Übersteuerungen zurückbleibende Hystereseeffekt störend ist, wenn man mit allgemeinen Betriebsbedingungen zu rechnen hat, etwa bei industriellen Anwendungen, bezeichnet den Hysteresefehler aber als unwesentlich und vermeidbar unter Laborbedingungen [4]. Um den Hysteresefehler klein zu halten, müssen die Kerne durch das modulierende Wechselsignal tief in die Sättigung hineingesteuert werden [7]. KUSTERS gibt an, daß sich der Hysteresefehler so bei den von ihm verwendeten Kernen ("Hy Mu 80"; D_a= 19cm; D_i=17,8cm; H=1,3cm) bis auf einen Durchflutungswert von 10 µA reduzieren läßt, unter normalen Betriebsbedingungen aber doch mit Fehlern bis zu 300 µA gerechnet werden muß [7]. Es mußten deshalb für die von KUSTERS entwickelten Kompensator- und Brückenschaltungen spezielle Abgleichtechniken bereitgestellt werden, um magnetische Übersteuerungen auszuschließen [8].

Magnetische Kriecherscheinungen werden bei KUSTERS nicht ausdrücklich erwähnt, jedoch fällt in [8] auf, daß vor der Aufnahme eines Nullpunktschriebs eine "Aufwärmzeit" von 15 min ausgeschlossen wird und erst für die sich daran anschließende Beobachtung eine Langzeitkonstanz von 10 µA Durchflutung genannt wird. Spontane Nullpunktänderungen liegen etwa bei 3 µA Durchflutung [8], [4].

2.1.1.3. Fehlereinflüsse

Bei einem Gleichstromkomparator gibt es keine Fehlereinflüsse durch die Wicklungskapazitäten, und Isolationsfehler stellen nach KUSTERS bei Zugrundelegung moderner Isoliermaterialien kein Problem dar [4]. Der entscheidende Fehler ist immer der magnetische Fehler, der bei 10 µA Unsicherheit eine Mindestdurchflutung von 10 A erfordert, wenn der relative Fehler unter 10^{-6} liegen soll. Unter günstigsten Umständen ist eine Stromverhältnis-Genauigkeit von $5 \cdot 10^{-9}$ erreicht worden [8].

Infolge der in den Steuerwicklungen induzierten Wechselströme besteht eine Kopplung zwischen diesen und dem Detektorkreis, die Nullpunktfehler verursachen kann; dieser Einfluß verschwindet nach [8] für kurzgeschlossene oder für leerlaufende Steuerwicklungen.

Nullpunktfehler können weiterhin durch Temperatureinflüsse auf die Komparatorkerne sowie durch Änderungen der Oszillatoramplitude entstehen [8].

2.1.1.4. Vermeidung magnetischer Übersteuerungen

In [8] wird eine spezielle Abgleichprozedur in Verbindung mit speziellen Schaltungsmaßnahmen beschrieben, die sicherstellen soll, daß sich die Wicklungsdurchflutungen in jedem Zeitpunkt möglichst gleichlaufend ändern. Hierzu gehört beispielsweise, daß Speisespannungsumschaltungen im Führungskreis durch eine dynamische Störgrößenaufschaltung in den Folgeregelkreis übertragen werden, vgl. [8], Fig. 4, Koppelkondensator C.

2.1.1.5. Oszillator und Detektor

Die ursprüngliche Sinusspeisung [4] wird später zugunsten einer Rechteckwechselspannung aufgegeben [8]; hierbei ist das Rückkopplungsprinzip des Oszillators so gewählt, daß sich die Schwingungsamplitude stets zwangsläufig der (z.B. temperaturabhängigen) Lage der Sättigungsgrenze des Kernmaterials anpaßt. Günstige Betriebsfrequenzen liegen im Bereich um 800 Hz [7].

Die Spannungsimpulse für den Detektor werden stets an einer aus Speisewicklung und Modulationsspulen gebildeten (leerlaufenden) Brückenschaltung abgenommen [8], [9], [10], [13].

2.1.2. Der linear kommutierte Kurzschlußkomparator

Wie schon in der Übersicht Abschnitt 1.3.2 erwähnt und in Bild 6 dargestellt, wird das Spitzendetektorverfahren hier zunächst dadurch modifiziert, daß als Detektorsignal der Kurzschlußstrom einer aus Oszillatorausgangswicklung und den beiden Modulationswicklungen gebildeten Brückenschaltung gewählt wird. Dadurch können die Steuerwicklungen bis auf einen kleinen Restwert nahezu wechselspannungsfrei gehalten werden. Hier folgt nun die schaltungstheoretische Analyse dieser Betriebsweise.

Bild 9a zeigt zunächst die zu analysierende schaltungstechnische Situation. Das Verhalten der Modulationswicklungen W_M wird dadurch angenähert, daß ihnen gemäß Bild 9b für den nicht übersättigten Zustand eine große differentielle Induktivität L_o, für den übersättigten Zustand eine kleine differentielle Induktivität L_s zugeordnet wird. Die speisende Wechselspannung wird entsprechend Bild 9c trapezförmig angenähert, d.h. es wird der einfach zu behandelnde Fall der "linearen Kommutierung" zugrunde gelegt. Alle ohmschen Widerstände werden vorerst vernachlässigt. Dann läßt sich der Ablauf des Geschehens allein nach dem Induktionsgesetz und dem Durchflutungsgesetz unter Berücksichtigung der Sättigungsgrenzen und der energiespeichernden Wirkung der Induktivitäten entwickeln.

Es sei nun zunächst der Betriebsablauf im Falle $I_G = 0$ betrachtet und angenommen, daß die für das Erreichen der Sättigungsinduktion erforderlichen Durchflutungen in beiden Kernen etwas verschieden sind. Dieser Fall tritt praktisch in der Regel auf und ist in Bild 9b durch $I_{2s} > I_{1s}$ vorgegeben. Nach dem Einschalten der Modulationsspannung $u_M(t)$ im Zeitpunkt $t = 0$ steigt in beiden Primärspulen der Magnetisierungsstrom zeitproportional an; aus Symmetriegründen ist $i_1 = i_2$ und daher $i_k(t) = 0$. Im Zeitpunkt t_1 wird $i_1 = I_{1s}$ und daher im Kern 1 die Sättigung erreicht; die differentielle Induktivität reduziert sich von L_o auf L_s, so daß die Anstiegsgeschwindigkeit des Magnetisierungsstromes $i_1(t)$ stark anwächst und durch die entsprechend wachsende Belastung des Trapezoszillators die lineare Kommutierung ausgelöst wird. Da die Spannung dann linear absinkt, geht $i_1(t)$ in einen parabelförmigen Verlauf über. Das Gleiche gilt für $i_2(t)$, jedoch ist wegen $L_o >> L_s$ noch $i_2 << i_1$, so daß ein parabelförmig zeitabhängiger Kurzschlußstrom $i_k(t) = i_1 - i_2$ in Erscheinung tritt.

Aus dem Induktionsgesetz läßt sich hierfür mit

$$t_1 = L_o I_{1s} / U_o \tag{2}$$

der folgende Ausdruck herleiten:

$$i_k(t) = U_o\left(\frac{1}{L_s} - \frac{1}{L_o}\right)(t-t_1) - \frac{U_o}{2T_f}\left(\frac{1}{L_s} - \frac{1}{L_o}\right)(t-t_1)^2 . \tag{3}$$

Zu einem etwas späteren Zeitpunkt t_2 wird $i_2 = I_{2s}$ und damit auch im Kern 2 die Sättigung erreicht. Fortan ist der Stromanstieg aus Symmetriegründen wieder in beiden Primärspulen gleich, so daß $i_k(t)$ auf einem konstanten Wert $\hat{i}_{k0}$ verharrt, wie in Bild 9d skizziert. Mit Berücksichtigung des parabelförmigen Zeitverlaufs der Ströme erhält man bei genauer Betrachtung

$$t_2 = t_1 + T_f\left(1 - \sqrt{1 - \frac{2L_o(I_{2s} - I_{1s})}{T_f U_o}}\right) \tag{4}$$

und

$$\hat{i}_{k0} = i_k(t_2) = \left(\frac{L_o}{L_s} - 1\right)(I_{2s} - I_{1s}) . \tag{5}$$

Im Zeitpunkt t_4 verläßt zunächst wieder Kern 2 die Sättigung, im Zeitpunkt t_5 auch Kern 1. Im Zeitpunkt t_6 ist der Ausgangszustand wieder erreicht, ein vollständiger Arbeitszyklus durchlaufen. Der weitere Verlauf ergibt sich aus Symmetrieüberlegungen.

Führt man nun einen Gleichstrom $I_G > 0$ ein, dann hat das zur Folge, daß im Kern 1 der Sättigungszeitpunkt t_1 etwas früher, im Kern 2 der Sättigungszeitpunkt t_2 etwas später erreicht wird. Daher findet der Impuls $i_k(t)$ Zeit, etwas höher anzuwachsen. Eine eingehendere Betrachtung ergibt:

$$\hat{i}_{k+} = \hat{i}_{k0} + \Delta\hat{i}_k = \left(\frac{L_o}{L_s} - 1\right)\left(I_{2s} - I_{1s} + 2\frac{W_G}{W_M} I_G\right) . \tag{6}$$

Man vergleiche hierzu Bild 9e. In der nächsten Halbperiode der Modulationsspannung $u_M(t)$ ist die Situation jedoch genau umgekehrt: Jetzt wird im Kern 1 der Sättigungszeitpunkt etwas später als im Falle $I_G = 0$ erreicht, im Kern 2 aber schon etwas früher, so daß der Impuls $i_k(t)$ nur noch eine niedrigere Höhe erreichen kann, wie im Bild 9e skizziert. Eine eingehendere Betrachtung ergibt:

$$\hat{i}_{k-} = -\hat{i}_{k0} + \Delta\hat{i}_k = -\left(\frac{L_o}{L_s} - 1\right)\left(I_{2s} - I_{1s} - 2\frac{W_G}{W_M} I_G\right) . \tag{7}$$

Damit ist die Differenz der Impulshöhen ein Maß für den eingeprägten Gleichstrom I_G:

$$2\Delta\hat{i}_k = |\hat{i}_{k+}| - |\hat{i}_{k-}| = 4\frac{W_G}{W_M}\left(\frac{L_o}{L_s} - 1\right) I_G . \tag{8}$$

Sind mehrere Gleichstromwicklungen vorhanden, ist sinngemäß die resultierende Gleichdurchflutung zu betrachten. Man sieht, daß die Empfindlichkeit des Komparators von L_o/L_s und W_G/W_M abhängt. Um L_o/L_s groß zu machen, muß ein Kernmaterial möglichst hoher Permeabilität gewählt werden, das nach Möglichkeit auch durch einen scharfen Übergang in den Sättigungszustand charakterisiert sein sollte. Einer beliebigen Erhöhung des Faktors W_G/W_M stehen z.B. wickeltechnische Probleme entgegen.

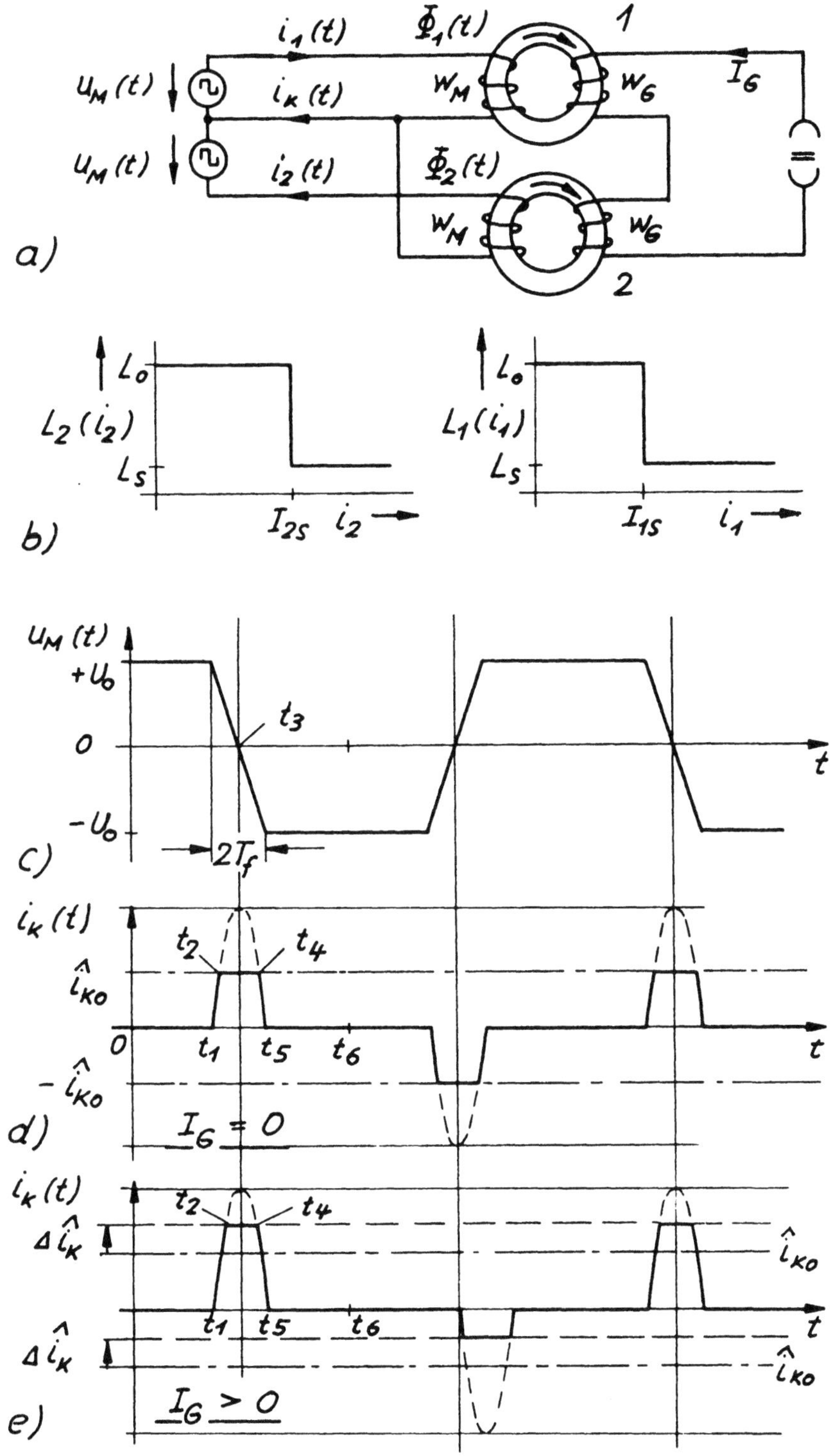

Bild 9. Skizzen zur Näherungstheorie des "linear kommutierten Kurzschlußkomparators".

Die in den Bildern 9c, d und e dargestellten Zeitfunktionen sind das Ergebnis einer sehr weitgehenden Idealisierung der Verhältnisse; in einem technischen System beobachtet man ähnliche, jedoch immer abgerundete Impulsformen.

Man erkennt an den Ergebnissen Gl. (5) bis (7), daß die Höhe der Detektorimpulse vom Verhältnis L_o/L_s und vor allem von der charakteristischen Sättigungsstromdifferenz $I_{2s} - I_{1s}$ abhängt. Da sich die Hystereseschleife und insbesondere die Sättigungsgrenze eines Kerns in Abhängigkeit von der Temperatur im allgemeinen stark ändert, zeigt sich im praktischen Betrieb insbesondere bei hochpermeablen Ringkernen eine starke Temperaturabhängigkeit dieser Impulshöhen. Obwohl in dem Ergebnis Gl. (8) die ursprüngliche Impulshöhe $\hat{i}_{ko}$ keine Rolle mehr spielt, zeigt sich unter praktischen, nicht idealisierten Bedingungen jedoch, daß mit der Impulshöhenänderung auch eine Nullpunktveränderung des Komparators einhergeht. Aus diesem Grunde müssen z.B. für Ringkernkomparatoren unter allgemeinen Betriebsbedingungen Werkstoffe mit temperaturkompensierter Hystereseschleife eingesetzt werden, z.B. ULTRAPERM 10 TK. Unter Laboratoriumsbedingungen ist das nicht erforderlich, denn hier kann die Umgebungstemperatur annähernd konstant gehalten werden.

Eine weitere praktische Schwierigkeit ergibt sich beim Spitzendetektorverfahren daraus, daß die Differenz $I_{2s} - I_{1s}$ bei Ringkernpaaren als zufällige Toleranzgröße vorgegeben ist und im betriebsfertigen Komparator nicht mehr beeinflußt werden kann. Bei aus Kernblechen geschichteten Komparatoren ist ein Abgleich durch Entfernen oder Hinzufügen einzelner Bleche möglich.

2.1.3. Stromverteilungseffekte zwischen Modulations- und Steuerwicklungen

Es soll nun weiter berücksichtigt werden, daß im Modulationskreis entsprechend Bild 10 ohmsche Widerstände R_O und R_K wirksam sind, und daß der Strom in einem Steuerkreis in Wahrheit nicht eingeprägt zu sein braucht, sondern daß dort auch ein Stromkreis mit einem endlichen ohmschen Widerstand R_G und einer Urspannung u_G vorliegen kann. Infolge der Widerstände R_O und R_K sind die Spannungen an den Wicklungen W_M nicht mehr zwangsweise gleich, und dann wird auch im Steuerkreis eine resultierende Wechselspannung induziert. Es sei hier $u_G = 0$ gesetzt und damit nur ein von der Primärseite her induzierter Strom $i_G(t)$ betrachtet.

Ein Strom $i_G(t)$ hat eine Symmetrierwirkung zur Folge, die den Strom $i_k(t)$ u. U. erheblich verkleinern und damit die Empfindlichkeit des Komparators stark absenken kann, wenn der Steuerkreis nicht unter Leerlaufbedingungen arbeitet. Man sieht das leicht ein, wenn man sich den Grenzfall $R_G = 0$ und die beiden Transformatoren streuungsfrei denkt. Dann zwingen die widerstandslos zusammengeschalteten Sekundärwicklungen W_G auch den Primärwicklungen W_M unabhängig von den gerade geltenden differentiellen Induktivitäten übereinstimmende Spannungen auf, so daß $i_k(t)$ aus Symmetriegründen gleich Null bleibt. Es ist daher im Falle nicht leerlaufender Steuerwicklungen zu prüfen, wie diese Symmetrierwirkung hinreichend unterbunden werden kann.

Stellt man für die Schaltung in Bild 10 die Kirchhoffschen Maschengleichungen für einen Zeitpunkt auf, in dem Kern 1 gesättigt und Kern 2 ungesättigt ist, so ergibt sich:

$$-u_M + i_1 R_0 + L_S \frac{di_1}{dt} + M_S \frac{di_G}{dt} + i_K R_K = 0 \;, \tag{9}$$

$$-u_M - i_K R_K + L_0 \frac{di_2}{dt} - M_0 \frac{di_G}{dt} + i_2 R_0 = 0 \;, \tag{10}$$

$$i_G R_G + L_{GS} \frac{di_G}{dt} + M_S \frac{di_1}{dt} + L_{G0} \frac{di_G}{dt} - M_0 \frac{di_2}{dt} = 0. \tag{11}$$

Wenn man die beiden Transformatoren als streufrei betrachtet, auch im Sättigungszustand, so ergibt sich:

$$M_S = \sqrt{L_S L_{GS}} = L_S \sqrt{L_{GS}/L_S} = L_S (W_G/W_M) \;, \tag{12}$$

$$M_0 = \sqrt{L_0 L_{G0}} = L_0 \sqrt{L_{G0}/L_0} = L_0 (W_G/W_M) \,. \tag{13}$$

Führt man nun die auf die Primärseite umgerechneten Größen

$$i_G' = \frac{W_G}{W_M} i_G \;, \qquad R_G' = \left(\frac{W_M}{W_G}\right)^2 R_G \tag{14}$$

ein, so läßt sich das Gleichungssystem (9) bis (11) mit Berücksichtigung von (12) und (13) und nach Erweitern der Zeile (11) mit W_M/W_G auf folgende Form bringen:

$$-u_M + i_1 R_0 + L_S \frac{d}{dt}(i_1 + i_G') + i_K R_K = 0, \tag{15}$$

$$-u_M - i_K R_K + L_0 \frac{d}{dt}(i_2 - i_G') + i_2 R_0 = 0 \;, \tag{16}$$

$$\left[i_G' \frac{R_G'}{2} + L_S \frac{d}{dt}(i_G' + i_1)\right] - \left[L_0 \frac{d}{dt}(i_2 - i_G') - i_G' \frac{R_G'}{2}\right] = 0. \tag{17}$$

Diese drei Gleichungen sind aber die Kirchhoffschen Maschengleichungen der Ersatzschaltung Bild 11, in der nun die Symmetrierwirkung durch einen idealen Symmetrierübertrager rechts im Bild anschaulich zum Ausdruck kommt. Man sieht, daß die Symmetrierwirkung nur dann unterbunden wird, wenn die Forderung

$$R_G'/2 \gg R_0 \,;\, R_K \tag{18}$$

erfüllt ist.

Man kann nun bei nicht leerlaufender Steuerwicklung bezüglich der Wahl von W_G/W_M folgende Aussage machen: Für kleine W_G/W_M wird die Empfindlichkeit des Komparators gemäß Gl. (8) zunächst proportional zu W_G/W_M wachsen. Da aber gemäß Gl. (14) R_G' mit wachsendem W_G/W_M immer kleiner wird, erreicht die Empfindlichkeit des Komparators bei einem bestimmten Wert $(W_G/W_M)_{opt}$ ein Maximum und nimmt dann durch den auftretenden Symmetriereffekt wieder ab. Die Komparatorempfindlichkeit hängt also bei nicht leerlaufenden Steuerwicklungen stark von den Impedanzverhältnissen in den Steuerkreisen ab.

Dies war einer der Gründe dafür, in das endgültige Systemkonzept nach Bild 7 die Zweifadendrossel ZD einzufügen. Sie sperrt die Steuerkreise für die von der Modulationsseite her induzierten Wechselströme und beseitigt damit die Abhängigkeit der Empfindlichkeit von den Impedanzverhältnissen in den Steuerkreisen.

2.1.4. Induktive Trägheitseffekte

Nach Klärung der wichtigsten stationären Effekte in der Magnetkomparatorschaltung bleibt nun das dynamische Verhalten zumindest näherungsweise abzuschätzen. Denkt man sich etwa die "Gleichspannung" u_G sprungartig eingeschaltet, so ist das zugehörige Signal $i_K(t)$ nicht augenblicklich verfügbar, sondern erst nach einer gewissen Verzögerungszeit, die durch das träge Verhalten der induktiven Stromkreise verursacht wird.

Eine experimentelle Untersuchung hat gezeigt, daß man diese Verzögerungseffekte unter Vernachlässigung der durch $u_M(t)$ ausgelösten Übersättigungsphasen berechnen kann. Das liegt daran, daß die Übersättigungszeiten im Vergleich zur Periodendauer von $u_M(t)$ sehr kurz sind, so daß durch die Übersättigungsmethode lediglich momentane Abtastwerte der resultierenden Kerndurchflutungen ermittelt werden.

Es sei deshalb das Einschwingverhalten gegenüber $u_G(t)$ unter der Randbedingung $u_M(t) = 0$ ermittelt. Dann gilt in der Schaltung Bild 10 aus Symmetriegründen

$$i_1 = -i_2 = i, \quad i_K = i_1 - i_2 = 2i, \tag{19}$$

so daß von den drei aufstellbaren Maschengleichungen nur zwei erforderlich sind:

$$i(R_0 + 2R_K) + L_0 \frac{di}{dt} + M_0 \frac{di_G}{dt} = 0, \tag{20}$$

$$i_G R_G + 2L_{G0} \frac{di_G}{dt} + 2M_0 \frac{di}{dt} = u_G. \tag{21}$$

Wendet man hierauf die Laplace-Transformation an,

$$I(p) \cdot (R_0 + 2R_K) + pL_0 \cdot I(p) + pM_0 \cdot I_G(p) = 0, \tag{22}$$

$$I(p) \cdot R_G + 2pL_{G0} I_G(p) + 2pM_0 I(p) = U_G(p), \tag{23}$$

so erhält man mit Berücksichtigung von Gl. (13) und mit den Abkürzungen

$$\tau_G = \frac{2L_G}{R_G}, \quad \tau_0 = \frac{L_0}{2R_K + R_0}, \tag{24}$$

zunächst die Ergebnisse

$$I(p) = -\frac{U_G(p)}{R_G} \cdot \frac{w_G}{w_M} \cdot \frac{p\tau_0}{1 + p(\tau_0 + \tau_G)},$$

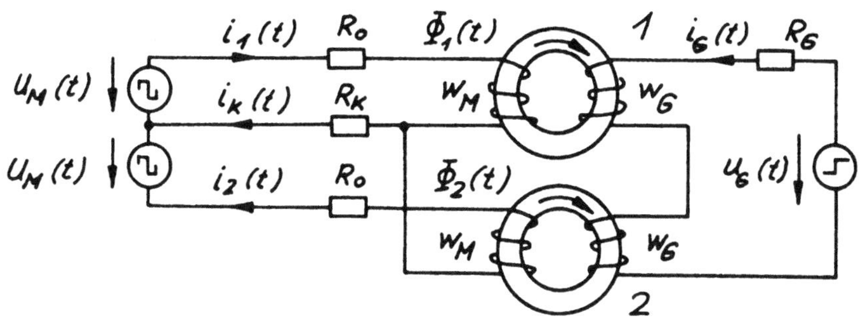

Bild 10. Berücksichtigung der ohmschen Widerstände im Modulations- und Steuerkreis.

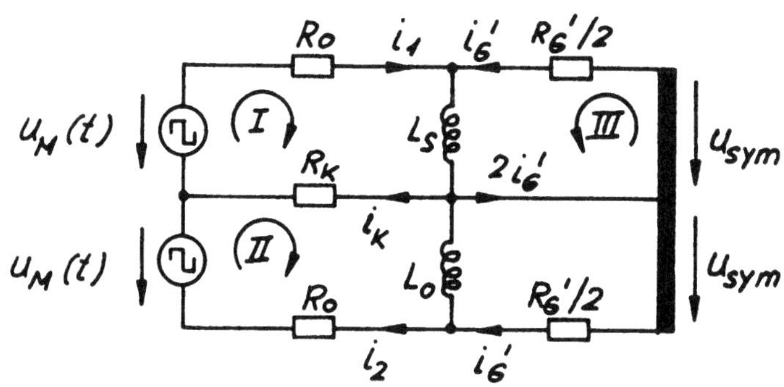

Bild 11. Ersatzschaltbild zur Darstellung der empfindlichkeitsmindernden Stromverteilungseffekte zwischen Modulations- und Steuerstromkreisen.

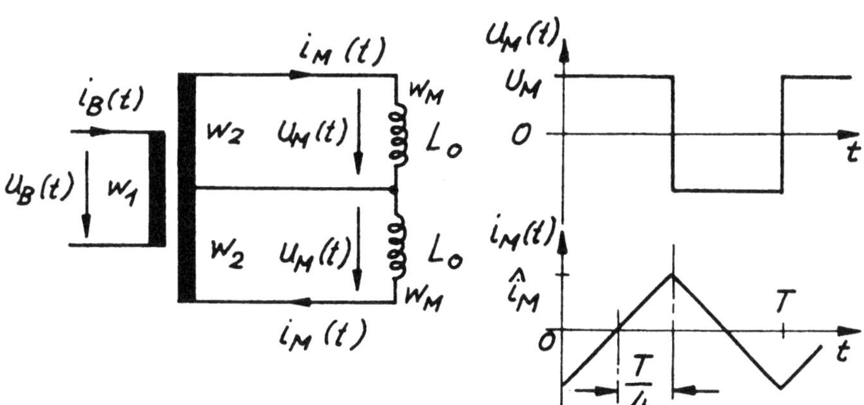

Bild 12. Zur Berechnung des erforderlichen Magnetisierungsstromes.

$$I_G(p) = \frac{U_G(p)}{R_G} \cdot \frac{1+p\tau_0}{1+p(\tau_0+\tau_G)} ,$$

$$\Theta(p) = W_M\, I(p) + W_G\, I_G(p) ,$$

$$\Theta(p) = W_G \left[\frac{U_G(p)}{R_G} \cdot \frac{1}{1+p(\tau_0+\tau_G)} \right] . \qquad (25)$$

Denkt man sich nun $u_G(t)$ als Sprungfunktion der Höhe U_{G0}, so gilt

$$U_G(p) = \frac{U_{G0}}{p} , \qquad (26)$$

und man erhält mit

$$\tau = \tau_0 + \tau_G \qquad (27)$$

die Lösung

$$\frac{\Theta(p)}{W_G} = \frac{U_{G0}}{R_G} \cdot \frac{1}{p(1+p\tau)} , \qquad (28)$$

$$\frac{\Theta(t)}{W_G} = \frac{U_{G0}}{R_G} \left(1 - e^{-\frac{t}{\tau}} \right) . \qquad (29)$$

Die resultierende Kerndurchflutung wird mit einer Verzögerungszeitkonstante τ aufgebaut, die sich gemäß Gl. (27) aus der Summe der Zeitkonstante τ_0 des Modulationskreises und der Zeitkonstante τ_G des Steuerkreises zusammensetzt. Diese Trägheitswirkung ist bei der Auslegung des PID- oder PI-Reglers zu berücksichtigen. Sie ist überdies mit dafür maßgebend, daß eine Stromänderung in der Steuerwicklung W_1 nicht allein durch den Regler verzögerungsfrei durch eine entsprechende Stromänderung in der Steuerwicklung W_2 kompensiert werden kann, so daß bei dynamischen Vorgängen die aus Hysteresegründen gefürchteten magnetischen Übersteuerungen auftreten können, vgl. Abschnitt 1.3.2.

2.1.5. Zur Dimensionierung der Modulationswicklungen

Die Modulationswicklungen des Komparators werden vom Trapezoszillator her entweder über einen Anpassungsübertrager gemäß Bild 12 gespeist, oder sie liegen einfach in (bezüglich der Kerndurchflutungen gegensinniger) Reihenschaltung an der verfügbaren Oszillatoramplitude $\hat{u}_B = 2\hat{u}_M = 2U_M$, d.h. es ist dann in Bild 12 $W_2 = W_1/2$ zu setzen. Mit den Angaben in Bild 12 ergibt sich dann nach dem Induktionsgesetz:

$$U_M = W_M \cdot A_E \cdot \frac{dB}{dt} ,$$

$$U_M \cdot \Delta t = W_M\, A_E\, \Delta B ,$$

$$U_M \cdot T/4 = W_M A_E B_S ,$$

$$W_M = \frac{U_M T}{4 A_E B_S} = \frac{U_M}{4 A_E B_S f} . \qquad (30)$$

Arbeitet man ohne Anpassungsübertrager, so ist bei gegebenem Kern und gegebener Oszillatoramplitude $2U_M$ nur noch T bzw. f frei wählbar. Für die Größe $\hat{i}_M = I_M$ des Magnetisierungsstromes bei Erreichen der Sättigungsinduktion B_S erhält man

$$U_M = L_o \cdot \frac{di_M}{dt} ,$$

$$U_M \cdot \Delta t = L_o \cdot \Delta i_M ,$$

$$U_M \cdot T/4 = L_o \cdot I_M ,$$

$$I_M = \frac{U_M T}{4 L_o} = \frac{U_M T l_E}{4 \mu_r \mu_o A_E W_M^2}$$

und mit Berücksichtigung von Gl. (30)

$$I_M = \frac{4 V_E B_S^2 f}{\mu_r \mu_o U_M} . \qquad (31)$$

Der für das Erreichen der Sättigungsgrenze erforderliche Magnetisierungsstrom ist demnach proportional zur Betriebsfrequenz und zum Quadrat der Sättigungsinduktion. Um den Magnetisierungsaufwand klein zu halten, sollte demnach die Sättigungsinduktion des Kernmaterials möglichst niedrig liegen und die Betriebsfrequenz nicht höher gewählt werden, als es von den Gesichtspunkten der Reaktionsschnelligkeit des Reglers und der Restwelligkeit am Spitzendetektor her notwendig erscheint. Zweckmäßig erscheinende Werkstoffe sind beispielsweise MUMETALL, VACOPERM 100 oder ULTRAPERM 10 [22].

Mit Rücksicht auf die auftretenden Hysterese- und Nachwirkungsprobleme wird man allerdings den Oszillator so einstellen, daß der Magnetisierungsstrom noch nennenswert über den für das Erreichen der Sättigungsgrenze erforderlichen Wert nach Gl. (31) hinaus anwächst, ehe der Umkippvorgang eingeleitet wird, vgl. Abschnitt 2.1.1.2. Schreibt man hierfür eine maximale magnetische Erregung H_{max} vor, so folgt mit Berücksichtigung von Gl. (30) für den zugehörigen Scheitelwert $\hat{i}_{max} = I_{max}$ die Angabe

$$H_{max} = \frac{I_{max} W_M}{l_E} ,$$

$$I_{max} = \frac{H_{max} l_E}{W_M} = \frac{H_{max} l_E \cdot 4 A_E B_S f}{U_M} ,$$

$$I_{max} = \frac{4 H_{max} V_E B_S f}{U_M} \quad . \tag{32}$$

Für die vorstehend genannten Kernwerkstoffe kann etwa H_{max} = 0,3 A/cm als günstiger Wert angesehen werden.

2.1.6. Zur Dimensionierung der Steuerwicklungen

Die relative Vergleichsgenauigkeit eines magnetischen Komparators ist um so besser, je höher die von e i n e r Steuerwicklung aufgebrachte Durchflutung im Verhältnis zu der den Hystereseeffekten entsprechenden Stördurchflutung gemacht werden kann. Welcher Störabstand hier erreichbar ist, hängt dann davon ab, bis zu welcher Stromdichte man gehen kann, ohne daß die Eigenerwärmung der Wicklungen ein störendes Maß erreicht. Gibt man für die zulässige Stromdichte einen Erfahrungswert S vor, z.B. einen bei Kleintransformatoren üblichen Wert, so gilt:

$$\Theta = I N = A_W f_{Cu} S , \tag{33}$$

A_W Wicklungsquerschnitt für e i n e Steuerwicklung,

f_{Cu} Kupferfüllfaktor.

Hiermit ist dann eine bestimmte, als maximal zulässig angesehene Steuerwicklungs-Verlustleistung verbunden:

$$P_V = U I = R I^2 = \varrho_{Cu} l_W A_W f_{Cu} S^2 , \tag{34}$$

ϱ_{Cu} spezifischer Widerstand des Kupferdrahtes,

l_W mittlere Windungslänge.

Beim Entwurf eines schaltungstechnischen Gesamtkonzepts wird man vielfach auch an eine maximal verfügbare Steuerleistung oder an Maximalwerte für U und I gebunden sein. Für diesen Fall ergibt sich durch Zusammenfassen von Gl. (33) und (34):

$$S = \sqrt{\frac{U I}{\varrho_{Cu} l_W A_W f_{Cu}}} , \tag{35}$$

$$\Theta = \sqrt{\frac{A_W f_{Cu}}{\varrho_{Cu} l_W} U I} \quad . \tag{36}$$

Mit diesen Angaben kann bei der Planung eines Komparators die erreichbare Durchflutung und damit bei bekannten Fehlereigenschaften des in Aussicht genommenen Kerns die erreichbare Vergleichsgenauigkeit abgeschätzt werden. In der Regel kann hierbei folgende Aufteilung des gesamten verfügbaren Wickelquerschnitts $A_{W,ges}$ zugrunde gelegt werden:

Modulations- und Anzeigeteil	ca. 8 %,
Steuerwicklung I	ca. 46 %,
Steuerwicklung II	ca. 46 %,
Kupferfüllfaktor	$f_{Cu} = 0{,}5$.

Tabelle 1 in Abschnitt 1.3.3 gibt für einige der hier untersuchten Kernwerkstoffe und Bauformen eine Übersicht über die sich nach Gl. (33) oder (36) ergebenden Fehlergrenzen.

Liegen die in einem Schaltungskonzept verfügbaren Werte U und I fest, so ergibt sich für die vorzusehende Windungszahl e i n e r Steuerwicklung:

$$R = \frac{U}{I} = \frac{\rho_{Cu}\, l_w\, N}{f_{Cu} A_w / N} = \frac{\rho_{Cu}\, l_w\, N^2}{f_{Cu}\, A_w},$$

$$N = \sqrt{\frac{f_{Cu}\, A_w}{\rho_{Cu}\, l_w} \cdot \frac{U}{I}}\,. \tag{37}$$

Ist für eine Steuerwicklung lediglich die maximale Stromdichte vorgegeben, so kann die Windungszahl N noch frei gewählt werden, und es folgt dann

$$I = \frac{\Theta}{N} = \frac{A_w\, f_{Cu}\, S}{N}, \tag{38}$$

$$U = RI = \frac{\rho_{Cu}\, l_w\, N^2}{f_{Cu}\, A_w}\, I\,. \tag{39}$$

2.1.7. Äquivalente Detektorankopplungen

Wie bereits in der Übersicht Abschnitt 1.3.2 erwähnt, wurde die Ankopplung der Spitzendetektorschaltung geändert, weil in der ursprünglich brückenähnlichen Schaltung nach Bild 6 (Detail A) Störspannungen des Oszillators direkt zum Detektor gelangen und außerdem störende Thermoströme auftreten konnten. In der neuen Ankoppelschaltung nach Bild 7 (Stromkreis i_A) sind beide Fehlereinflüsse eliminiert, außerdem kann jetzt der Oszillator übertragerlos realisiert werden.

Zur Herleitung der Äquivalenzbeziehungen zwischen der ursprünglichen und der neuen Ankopplungsschaltung wird von Bild 13 ausgegangen.

Im Falle des Bildes 13a (neues Verfahren) ist der i_A-Kreis kurzgeschlossen und der Brückenquerzweig unterbrochen. Es sei der für die Erzeugung eines Übersättigungsimpulses entscheidende Zustandsfall betrachtet, in dem ein Ringübertrager auf niedrige differentielle Induktivitäten L_S und L_{AS} reduziert ist (vgl. Abschnitt 2.1.2), während der andere noch hohe differentielle Induktivitäten L_O und L_{AO} aufzuweisen hat. Hierfür gelten die Maschengleichungen

$$-2u_M + L_S\frac{di_M}{dt} + M_S\frac{di_A}{dt} + L_O\frac{di_M}{dt} - M_O\frac{di_A}{dt} = 0 \qquad (40)$$

und

$$L_{AS}\frac{di_A}{dt} + M_S\frac{di_M}{dt} + L_{AO}\frac{di_A}{dt} - M_O\frac{di_M}{dt} = 0\,. \qquad (41)$$

Setzt man der Einfachheit halber für beide Transformatoren Streufreiheit voraus,

$$L_{AS} = \left(\frac{W_A}{W_M}\right)^2 L_S\,, \quad L_{AO} = \left(\frac{W_A}{W_M}\right)^2 L_O\,,$$

$$M_S = \left(\frac{W_A}{W_M}\right) L_S\,, \quad M_O = \left(\frac{W_A}{W_M}\right) L_O\,, \qquad (42)$$

so lassen sich mit Berücksichtigung der Abkürzungen

$$L_{ges} = (L_S + L_O)\left[1 - \left(\frac{L_O - L_S}{L_O + L_S}\right)^2\right]\,, \qquad (43)$$

$$L_P = \frac{L_O L_S}{L_O + L_S} \qquad (44)$$

aus Gl. (40) und (41) die Auflösungen

$$\frac{di_M}{dt} = \frac{2u_M}{L_{ges}} \qquad (45)$$

und

$$\frac{di_A}{dt} = \frac{1}{2}\cdot\frac{W_M}{W_A}\cdot\frac{u_M}{L_P}\cdot\frac{L_O - L_S}{L_O + L_S} \qquad (46)$$

herleiten.

Es sei nun der gleiche Zustandsfall mit kurzgeschlossenem Brückenzweig und unterbrochenem Sekundärkreis gemäß Bild 13b betrachtet (ursprüngliches Verfahren). Diesmal gilt:

$$\frac{di_K}{dt} = \frac{di_1}{dt} - \frac{di_2}{dt} = u_M\left(\frac{1}{L_S} - \frac{1}{L_O}\right) = u_M\frac{L_O + L_S}{L_S L_O}\cdot\frac{L_O - L_S}{L_O + L_S}\,,$$

$$\frac{di_K}{dt} = \frac{u_M}{L_P}\cdot\frac{L_O - L_S}{L_O + L_S}\,. \qquad (47)$$

Die Betriebsschaltungen nach Bild 13a und 13b sind einander also bezüglich schnell veränderlicher Ströme i_A und i_K äquivalent, wenn man $W_M = 2W_A$ macht; in anderen Fällen sind sie bis auf einen Übersetzungsfaktor $W_M/2W_A$ äquivalent.

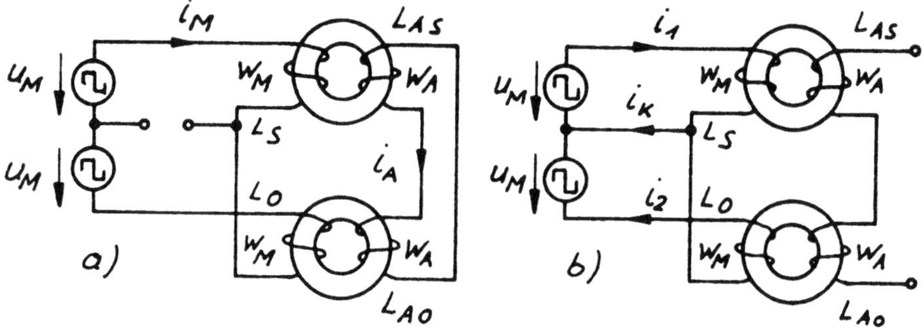

Bild 13. Zur Herleitung der Äquivalenzbeziehung zwischen den Kurzschlußströmen $i_A(t)$ und $i_K(t)$.

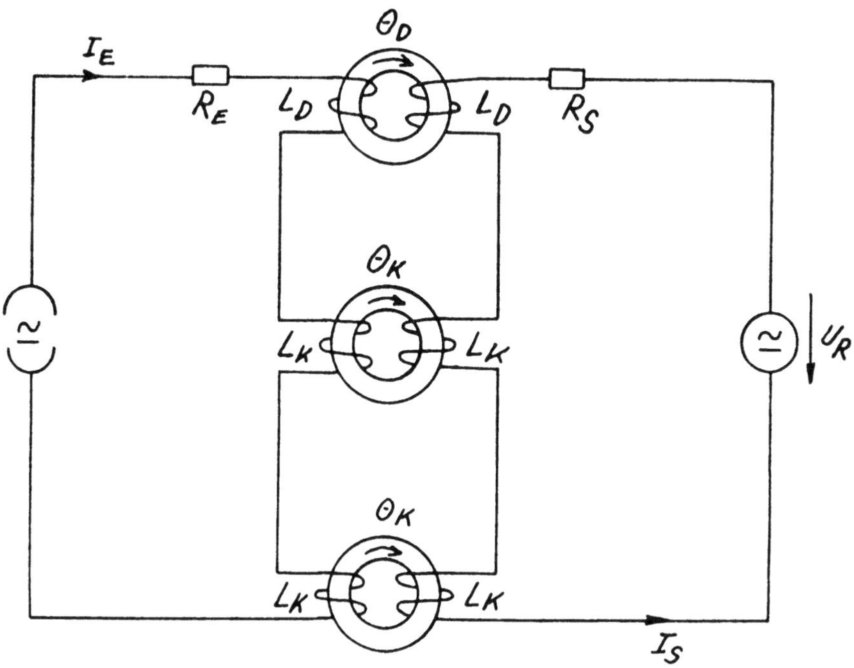

Bild 14. Zur Analyse der Magnetkomparator-Drossel-Gruppe für langsame dynamische Vorgänge.

Die vereinfachten Ersatzschaltungen nach Bild 13, die - wie man sieht - lediglich Aussagen über die Differentialquotienten der Ströme i_A und i_K liefern, genügen für die Äquivalenzbetrachtung deshalb, weil die Übersättigungsimpulse zeitlich sehr kurz im Vergleich zu anderen im System ablaufenden dynamischen Vorgängen sind; dieser Sachverhalt ist bereits im Abschnitt 2.1.4 erwähnt worden.

2.1.8. Theorie der Folgeregelung

Um die Theorie des Folgeregelsystems hier kurz skizzieren zu können, wird der nachfolgende Ansatz direkt in der Darstellungsweise der Laplace-Transformation formuliert. Vernachlässigt man bei der Analyse von Magnetkomparator und Zweifadendrossel magnetische Streuflüsse sowie wegen der Kondensatorkopplung im Detektorkreis auch langsam veränderliche Ströme im Detektorkreis, dann wird das Verhalten der Komparator-Drossel-Gruppe gemäß Bild 14 durch folgende Maschengleichung beschrieben:

$$\begin{aligned} -U_R + I_S R_S + pL_D I_S + pM_D I_E \\ +2\left[pL_K I_S + pM_K I_E\right] = 0 \,, \\ M_D = L_D \,, \quad M_K = L_K \,. \end{aligned} \qquad (48)$$

Mit der Abkürzung

$$\tau_K = (L_D + 2L_K)/R_S \qquad (49)$$

ergibt sich daraus:

$$I_S = \frac{U_R}{R_S} \cdot \frac{1}{1+p\tau_K} - I_E \frac{p\tau_K}{1+p\tau_K} \,. \qquad (50)$$

Der Strom im Sekundärkreis setzt sich aus einem von der Reglerausgangsspannung U_R eingespeisten und einem vom Eingangsstrom I_E herrührenden Anteil additiv zusammen (Stromwandlerprinzip). Für die Komparatordurchflutung erhält man dann:

$$\Theta_K = W_K (I_E + I_S) \,. \qquad (51)$$

Der Spitzendetektor setzt Θ_K in eine am Eingang des PI-Reglers etwas verzögert erscheinende Signalspannung um, für die als Näherungsansatz eingeführt wird:

$$U_S = \frac{K_S}{1+p\tau_S} \Theta_K \,. \qquad (52)$$

Für den PI-Regler gilt mit den Bezeichnungen im Bild 7:

$$K_0 = R_2/R_1 \,, \quad \tau_R = R_1 C \,, \quad \tau_R' = R_2 C \,,$$

$$U_R = -\left[K_0 + 1/p\tau_R\right] U_S \,,$$

$$U_R = -K_0 (1 + p\tau_R') \frac{1}{p\tau_R'} U_S \,. \qquad (53)$$

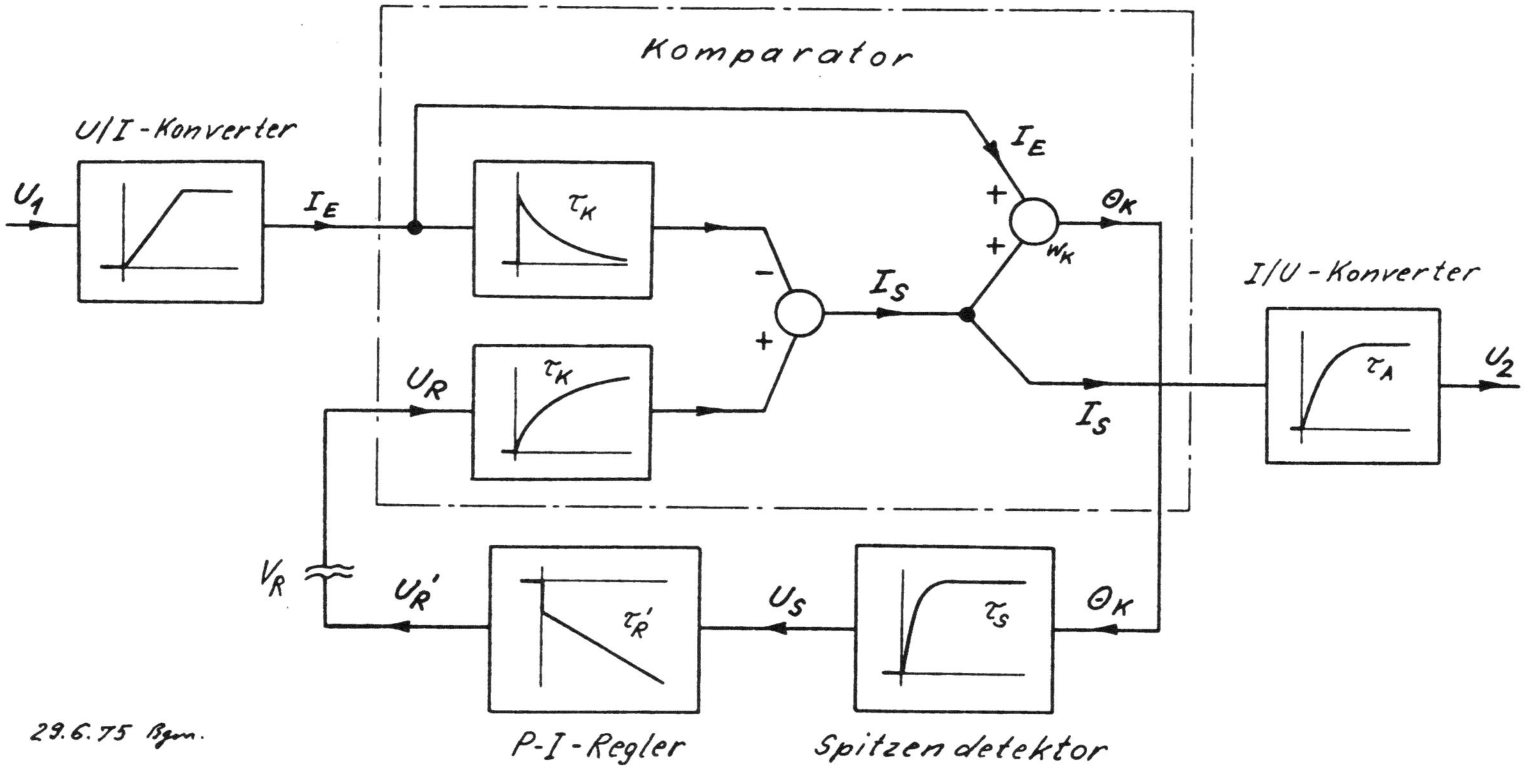

Bild 15. Blockdarstellung der Signalverknüpfungen im Folgeregelsystem.

Den Gleichungen (50) bis (53) entspricht der innere Teil des regelungstechnischen Signalflußdiagramms Bild 15. Führt man bei der Auflösung des Gleichungssystems die Ringverstärkung

$$V_R(p) = \frac{U_R'}{U_R} = -\frac{K_0 K_S W_K}{R_S} \cdot \frac{1 + p\tau_R'}{p\tau_R'(1+p\tau_S)(1+p\tau_K)} \qquad (54)$$

ein, so nimmt die Übertragungsfunktion des Reglers folgende Form an:

$$A_R(p) = \frac{I_S}{I_E} = -\left[\frac{1}{1+p\tau_K} \cdot \frac{V_R}{V_R - 1} + \frac{p\tau_K}{1+p\tau_K}\right]. \qquad (55)$$

Hieraus kann nach den Regeln der Laplace-Transformation das Übertragungsverhalten im Zeit- oder Frequenzbereich berechnet werden. Konzeptgemäß erkennt man auch in Gl. (55) wieder die additive Überlagerung des Regleranteils und des nach dem Stromwandlerprinzip direkt übertragenen Anteils.

Von größerer praktischer Bedeutung ist eine Analyse der Ringverstärkung $\underline{V}_R(j\omega)$, da hiervon nach dem Nyquist-Kriterium die Stabilität des Regelkreises abhängt. Bild 16 zeigt für einen am experimentell realisierten System nach Bild 7 aufgenommenen Parametersatz das Bode-Diagramm der Ringverstärkung. Die in das Bild eingetragenen Meßpunkte bestätigen die Brauchbarkeit der Näherungstheorie sowie die hinreichende Stabilitätsreserve des untersuchten Systems. Bei verschiedenen Komparatoren können sich für die einzelnen Parameter stark unterschiedliche Werte ergeben; es müssen dann auch die Parameter des Reglers neu eingestellt werden. Im allgemeinen läßt sich die erforderliche Reglereinstellung experimentell finden, indem man auf den Eingang des Systems eine Sprungfunktion gibt und dann die Parameter R_1, R_2 und C in Bild 7 optimal einstellt.

2.1.9. Schaltungsentwicklung

Bild 17 zeigt die Einfügung des U/I-Konverters zwischen Systemeingang und Komparator einschließlich der zugehörigen Stromversorgung. Der Netztransformator (Schnittbandkern SM 42) enthält zwei Schirme, die das potentialtrennende Dielektrikum von 50Hz-Feldern frei halten sowie einen dritten Schirm ("Guard", GRD), der für Potentialtrennungsaufgaben frei verfügbar ist. Dieses Schirmsystem kann innerhalb des Komparators fortgesetzt werden. Bei Komparatoren aus gestanzten Blechen bereitet das wickeltechnisch keine besonderen Schwierigkeiten; bei Ringkernkomparatoren ist das schwieriger, es ist deshalb hier auf die Fortsetzung des Schirmsystems in Ringkernkomparatoren verzichtet worden. Soweit eine vom Komparator getrennte Zweifadendrossel benutzt wird, erübrigt sich hier ein Schirm, weil die beiden Fäden auf getrennten Wickelkörpern eines Kerns UI 30 DIN 41302 untergebracht werden können; hierdurch wird allerdings der Streufaktor etwas erhöht. Der U/I-Konverter besteht aus einer integrierten driftarmen Vorstufe LM 321 AH in Verbindung mit einem integrierten Operationsverstärker LM 307 H (National Semiconductor). Hierdurch kann der temperaturabhängige Offsetspannungsfehler bis auf etwa 0,2 µV/°C und der Stromfehler bis auf etwa 3 pA/°C abgesenkt werden; dies entspricht Einflüssen auf den nennbereichsbezogenen relativen Übertragungsfehler von

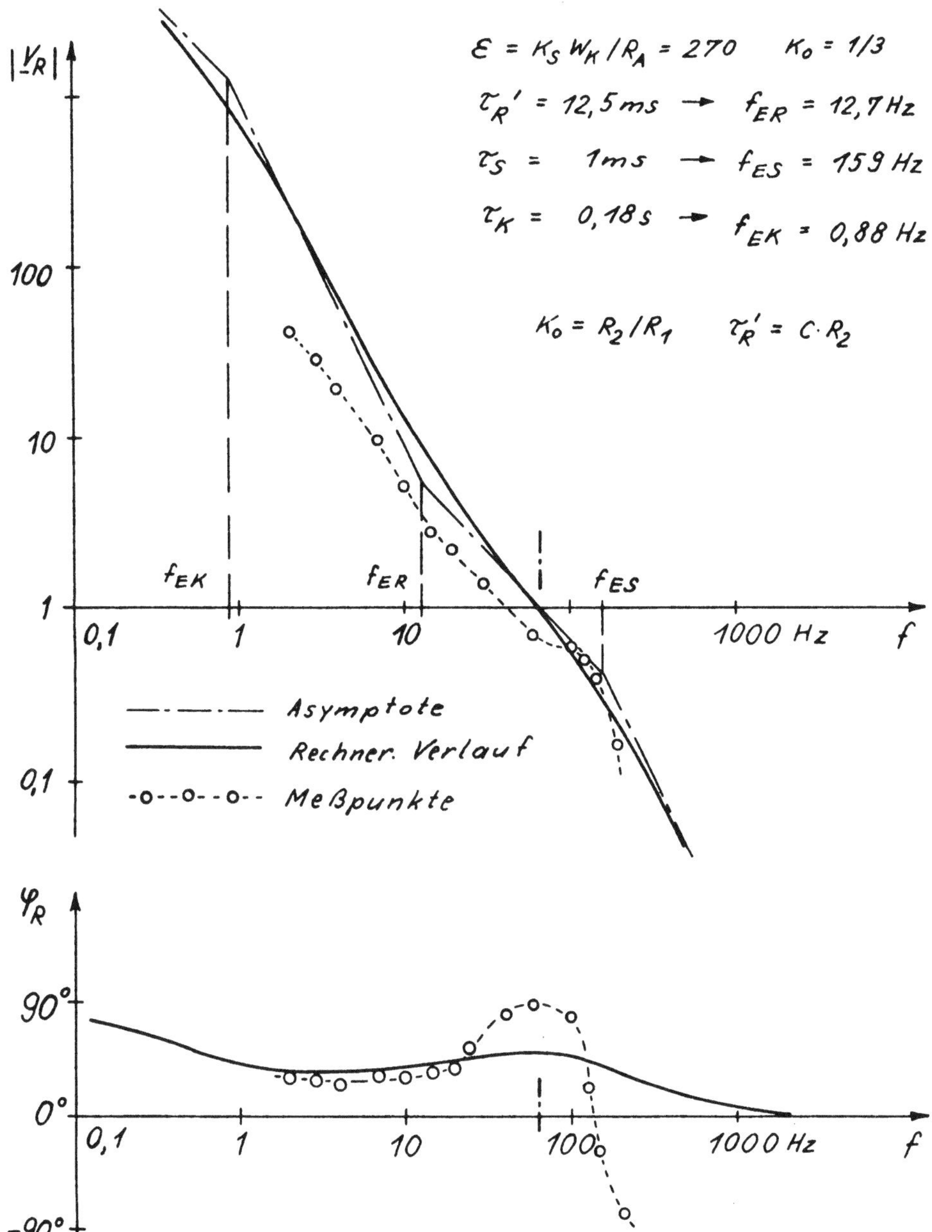

<u>Bild 16</u>. Bode-Diagramm der Ringverstärkung des Folgeregelsystems für einen speziellen Parametersatz.

$(0{,}2\mu V/5V)/^{o}C = 4\cdot 10^{-8}/^{o}C$ und $(3pA/10mA)/^{o}C = 3\cdot 10^{-10}/^{o}C$. Diese Einflüsse können gegenüber dem magnetischen Fehler des Komparators vernachlässigt werden; es ist allerdings auf thermospannungsarmen Schaltungsaufbau zu achten. In der Operationsverstärkerschaltung befinden sich zwei Stabilisierungskapazitäten, die in Bild 17 mit "750 pF" bezeichnet sind. Durch Vergrößerung dieser Kapazitäten, z.B. bis auf 1 µF oder mehr, kann erforderlichenfalls eine Begrenzung der Anstiegsgeschwindigkeit von Stromänderungen erzielt werden, wenn das zur Vermeidung magnetischer Übersteuerungen als zusätzliche Maßnahme wünschenswert ist. Die RC-Glieder am Komparator sind nur in manchen Fällen zur Verbesserung der Form der Detektorimpulse eingesetzt worden; sie müssen in solchen Fällen speziell angepaßt werden.

Bild 18 zeigt das Hauptnetzteil für die Versorgung der gesamten ausgangsseitigen Elektronik. Auch hier reichte für den Netztransformator ein Schnittbandkern SM 42 aus. Eine Vergrößerung der Netztransformatoren auf SM 55 war erst bei der Entwicklung des vollständigen Proportionalkompensators erforderlich, weil da noch 100V-Netzteile ergänzt werden mußten (vgl. Abschnitt 4.2).

Bild 19 zeigt die aus Spitzendetektor und PI-Regler bestehende Regelverstärkereinheit. Für den Spitzendetektor hat sich der driftarme Impulsverstärker mono OP-01CJ, für den PI-Regler der driftarme Operationsverstärker mono OP-05CJ bewährt (Precision Monolithics, Bourns GmbH.). Die Zeitkonstanten der verschiedenen RC-Glieder sind jeweils an den benutzten Komparator anzupassen.

Bild 20 zeigt die für alle Komparatoren benutzte Oszillatorschaltung. Durch den Strommeßwiderstand R_S kann für jeden Komparator individuell festgelegt werden, bei welchem Magnetisierungsstrom (vgl. Abschnitt 2.1.5) der Umkippvorgang eingeleitet wird. Die Flankensteilheit der Rechteckspannung (bzw. Trapezspannung) ist weitgehend durch RC-Glieder festgelegt, um eine ausreichend temperaturunabhängige Trapezform der Modulationsspannung zu gewährleisten. Wegen dieses Gesichtspunktes wurde der von KUSTERS benutzte Oszillatortyp (vgl. Abschnitt 2.1.1.5) aufgegeben; von Vorteil ist auch, daß der Oszillator selbst nun übertragerfrei ist. Es ist zu beachten, daß bei sehr starken magnetischen Übersteuerungen die Oszillatorschwingung zusammenbrechen kann.

Bild 21 zeigt den ausgangsseitigen I/U-Konverter; auch hierfür wurde der driftarme Vorverstärker LM 321 AH in Verbindung mit einem Operationsverstärker LM 307 H eingesetzt. Der im Schaltbild oben sichtbare Integrationskondensator (10µF) ist erforderlich, weil der über die Kompensationswicklung des Komparators zufließende Strom eine Welligkeit enthält, die geglättet werden muß. Diese Welligkeit läßt sich nicht vermeiden, weil Spitzendetektor und PI-Regler nicht so träge gemacht werden dürfen, wie das für eine wirkungsvolle Siebung der Spitzendetektor-Ausgangsspannung erforderlich wäre. Im Prinzip besteht die Möglichkeit, diese Welligkeit dadurch zu eliminieren, daß man den Spitzendetektor durch eine geeignete Abtast-Halte-Schaltung ersetzt, die im stationären Zustand welligkeitsfrei arbeitet; hier wurde jedoch aus Aufwandsgründen darauf verzichtet.

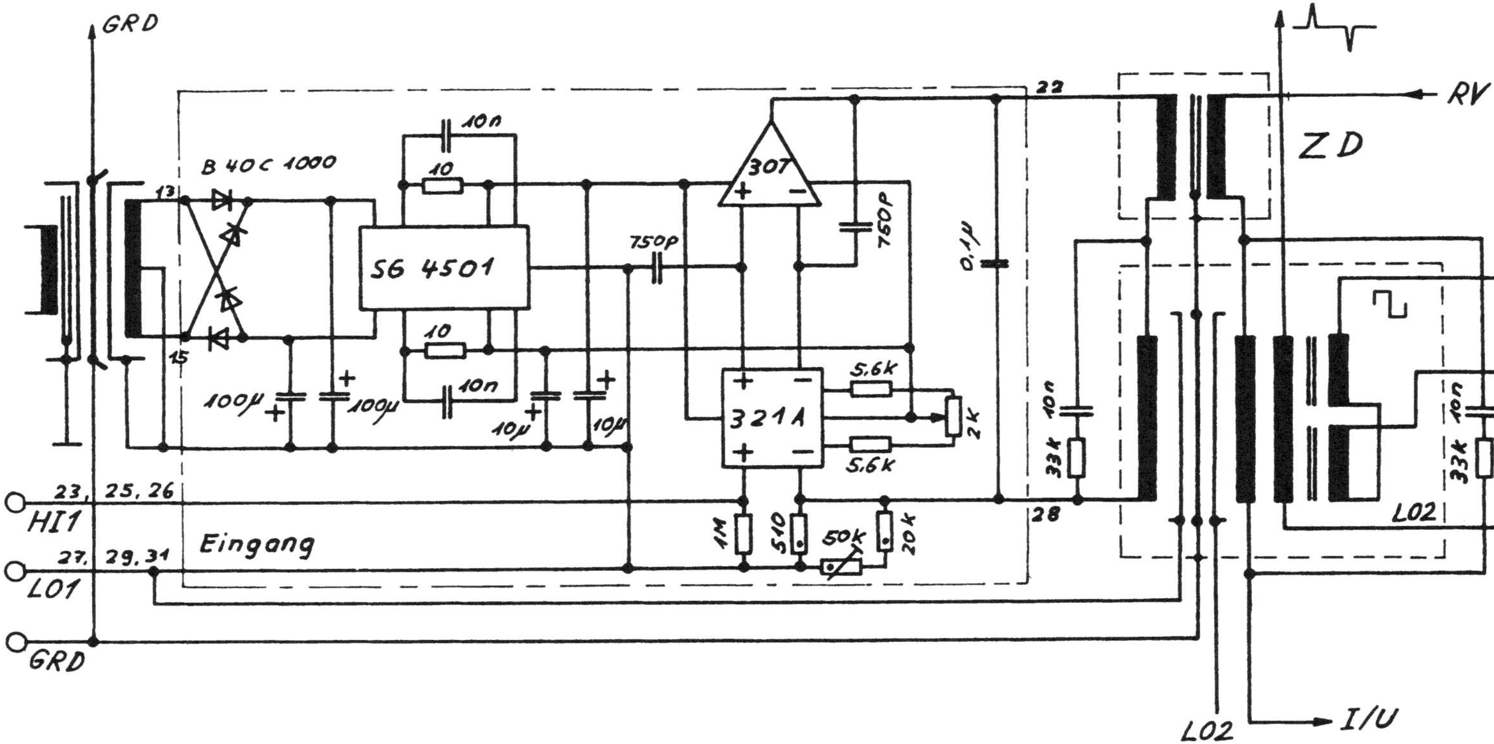

Bild 17. Einfügung des U/I-Konverters zwischen Systemeingang und Komparator einschließlich der zugehörigen Stromversorgung. Komparator U1 mit getrennter Zweifadendrossel.

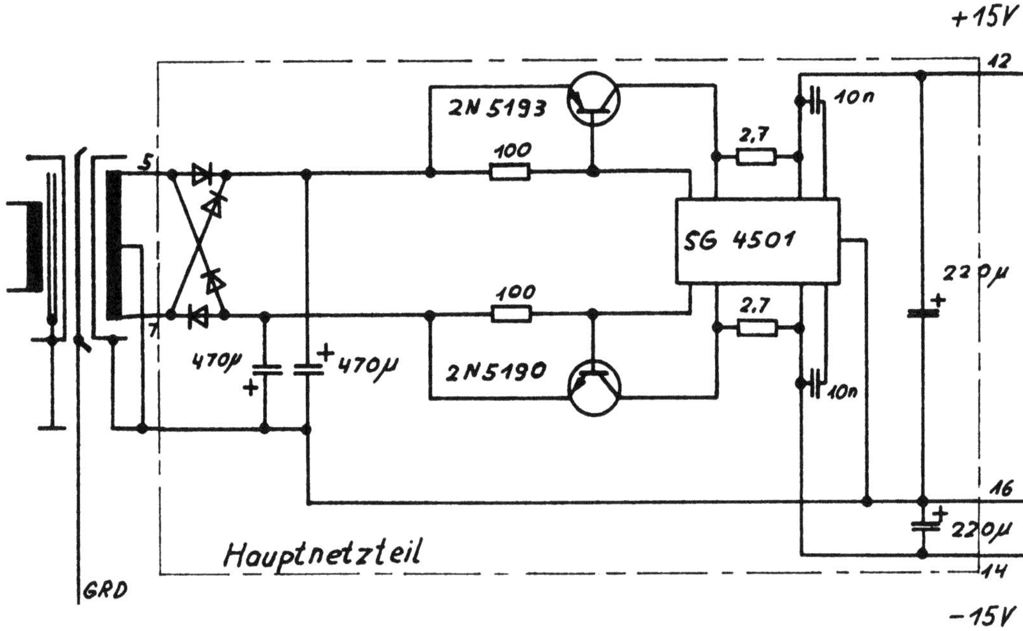

Bild 18. Hauptnetzteil zur Versorgung der gesamten ausgangsseitigen Elektronik.

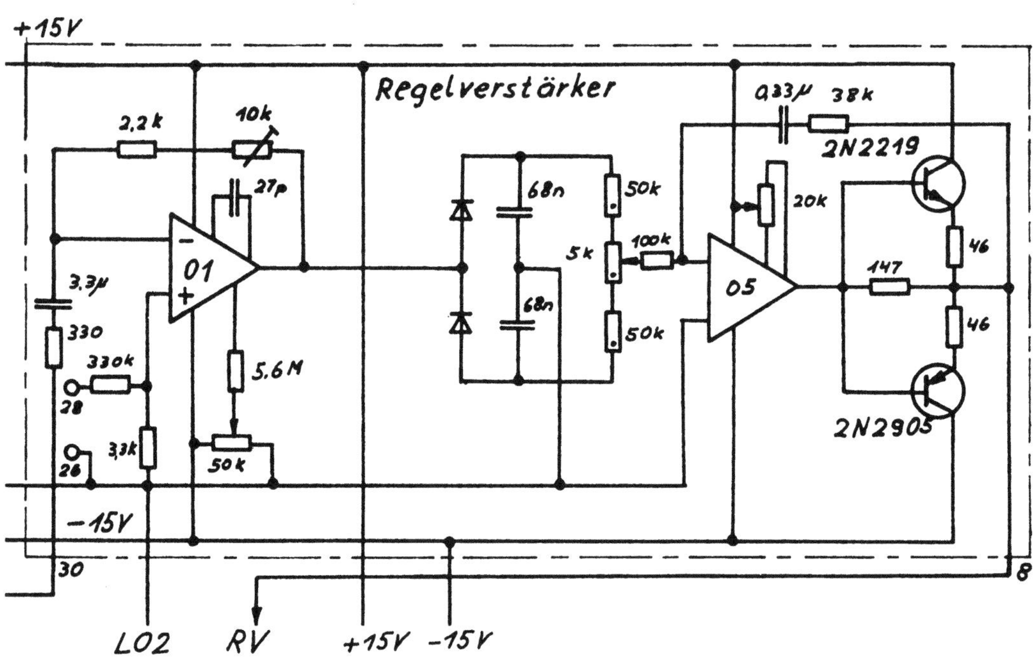

Bild 19. Regelverstärkereinheit, bestehend aus Spitzendetektor und PI-Regler.

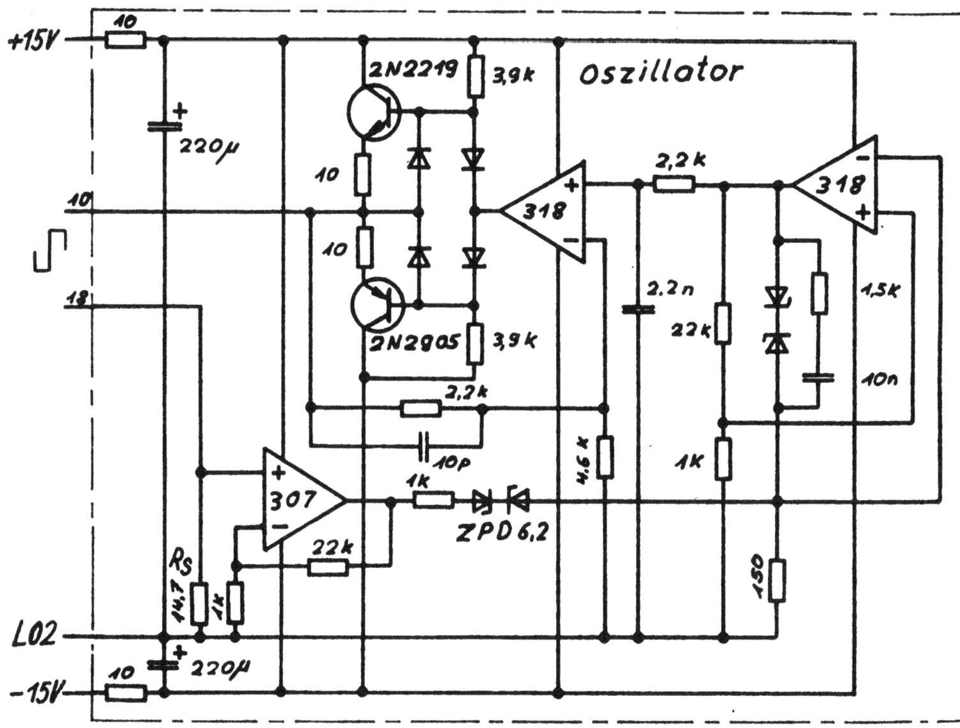

Bild 20. Rechteck- bzw. Trapezoszillator zur Erzeugung der Modulationsspannung.

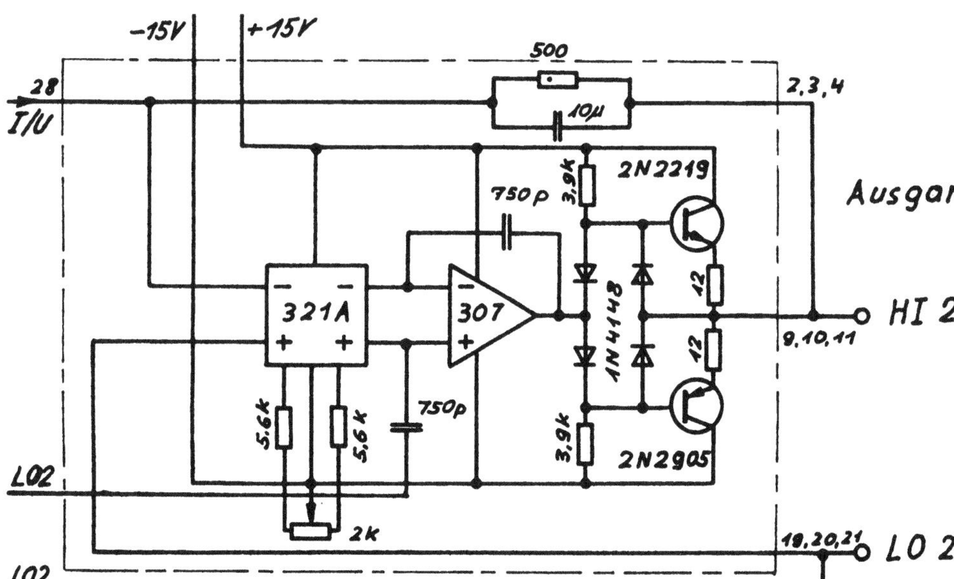

Bild 21. I/U-Konverter am Ausgang der Gleichspannungs-Übertragungseinheit.

2.1.10. Komparatorentwicklung

Tabelle 2 gibt eine Übersicht über die Konstruktions- und Betriebsdaten der in der vorliegenden Arbeit untersuchten Komparatoren. Die Muster M1 bis R3 dienten der Feststellung der Kerneigenschaften, R4 wird im Proportionalkompensator eingesetzt (vgl. Abschnitt 4.3).

Bild 22 zeigt schematisch den Aufbau der Kernblechtypen (M1, M2, U1). Als Wicklungsträger lassen sich bei den M-Typen die Original-Spulenkörper nach DIN 41303 verwenden. Beim Komparator U1 liegen die Steuerwicklungen auf einem Normspulenkörper UI30b, während die Wicklungsträger für die Modulationswicklungen und die Anzeigewicklung durch geeignete Trennschnitte aus Normspulenkörpern UI30 hergestellt wurden [23]. Die beide Kerne umfassenden Wicklungen werden jeweils mit Hilfe einer besonderen Wickelvorrichtung in einem Arbeitsgang gewickelt.

Für die Ringkernkomparatoren erübrigt sich eine besondere Zeichnung: Hier werden einfach die Wicklungen der Reihe nach über den gesamten Ringumfang verteilt aufgebracht, zunächst die Modulationswicklungen jeden Ring einzeln umschließend, dann alle übrigen Wicklungen jeweils beide Ringe umschließend, oder auch zusätzlich zwei weitere Drosselringe umschließend (bei R4).
Bei der Bewicklung von Ringkernen ist darauf zu achten, daß die Wicklung genau wie bei M- oder U-I-Spulenkörpern hin und zurück geführt wird und nicht ständig fortschreitend um den Ring herum, da sonst über die axiale Feldkomponente eine unzulässige Verkopplung mit Nachbarringen oder Umgebungsfeldern entsteht.

Der Schalenkernkomparator S1 besteht aus zwei einzeln bewickelten Kernsätzen.

Bild 23 zeigt den Aufbau des Komparators U1 innerhalb eines rechteckförmigen Mumetall-Abschirmbechers [25]. Die anderen Typen werden innerhalb der Abschirmung sinngemäß entsprechend montiert, ebenso die Zweifadendrossel bei getrenntem Aufbau. Die Mumetall-Abschirmung ist erforderlich, um Fremdfeldeinflüsse bzw. Einflüsse ferromagnetischen Materials in der Umgebung des Komparators auszuschließen.

Ein besonderes Problem ist, daß die beiden Teilkerne des Komparators in allen magnetischen Eigenschaften möglichst gut übereinstimmen müssen. Dies gilt insbesondere für die Sättigungsdurchflutungen; sind diese zu verschieden, so sind nach Gl. (5) die Detektorgrundimpulse $\hat{i}_{ko}$ unzweckmäßig groß. Andererseits können bei zufällig sehr genau übereinstimmenden Sättigungsdurchflutungen die Detektorgrundimpulse auch so klein werden, daß sich kein genügend großer linearer Aussteuerbereich des Detektors mehr ergibt. Da sich Ringkerne nach dem Bewickeln nicht mehr abgleichen lassen, muß der Eingangsverstärker des Spitzendetektors über einen weiten Bereich anpaßbar sein. Bei geschichteten Kernen ist durch Hinzufügen oder Wegnehmen einzelner Bleche ein Abgleich von $\hat{i}_{ko}$ möglich.

Weit störender ist noch, daß sich die Sättigungsgrenze eines Kernmaterials in Abhängigkeit von der Temperatur i. a. stark verändert. Da sich die Höhe und vor allem die Symmetrie der

	Kernform	Kernmaterial	Kern			Modulation				Anzeige		Steuerwicklung		
			l_E / cm	A_E / cm^2	V_E / cm^3	w_M	f / Hz	$\hat{i}_{max}$ / mA	H_{max} / A/cm	w_A	$\hat{i}_A$ / mA	w_2	Θ_N / A	H_N / A/cm
M1	Kernblech M30 DIN 41302	Mumetall 0,05mm VAC	7,2	0,5	3,5	155	500	10,4	0,22	155	1,2	700	7	1
M2	Kernblech M30 DIN 41302	Vacoperm 100 0,1mm VAC	7,2	0,5	3,5	155	500			155		700	7	1
U1	Kernblech UI30 DIN 41302	Mumetall 0,1mm VAC	12	0,4	4,8	100	1000	27,6	0,23	200	0,9	2000	20	1,7
S1	Schalenkern 26 Ø x 16	Ferrit T38 Siemens	3,7	0,9	3,5	100	500			50		500	5	1,3
R1	Bandringkern 42 x 30 x 10	Vacoperm 100 0,1mm VAC	11	0,6	6,8	76	500	46	0,32	76	2,7	700	7	0,6
R2	Bandringkern 28,5x18,5x20	Ultraperm 10 0,1mm VAC	7,4	1	7,4	60	320			240		500	5	
R3	Bandringkern 24x16,5x23	Ultraperm 10TK 0,1mm VAC	6,4	0,9	5,5	70				300		500	5	
R4	Bandringkern 42 x 30 x 10	Ultraperm 10TK 0,1mm VAC	11	0,6	6,8	66	500	44,2	0,25	300		8000	80	7,3
K1	Bandringkern 190x178x13	Hy Mu 80 [7] 0,1mm (KUSTERS)	58	0,8	46		800						>10	
K2	Bandringkern 140x127x13	Hy Mu 80 [8] 0,05mm (KUST.)	42	0,8	34	1006						1000	<1000	

Tabelle 2. Kern- und Betriebsdaten der in der vorliegenden Arbeit untersuchten Komparatoren. M1 bis R3 dienten der Feststellung von Kerneigenschaften und haben daher niedrige Steuerwindungszahlen. R4 ist im Proportionalkompensator eingesetzt. K1 und K2 sind Vergleichsmuster aus den Arbeiten von KUSTERS und Mitarbeitern.

Grundimpulse $\hat{i}_{ko}$ in Abhängigkeit von der Temperatur nicht stark verändern soll, müssen beide Kerne hinsichtlich der Temperaturabhängigkeit der Sättigungsgrenze einen guten Gleichlauf zeigen. Bei geschichteten Kernen kann das dadurch einigermaßen sichergestellt werden, daß man von dem angelieferten Kernblech jeweils abwechselnd ein Blech in den einen und das nächste in den anderen Kern schichtet, so daß Materialinhomogenitäten möglichst gleichmäßig auf beide Kerne verteilt werden. Bei Ringkernen konnte dieses Problem nur durch Übergang zu temperaturkompensierten Kernen gelöst werden (z.B. ULTRAPERM 10 TK). Leider deuten die Versuchsergebnisse darauf hin, daß temperaturkompensierte Kerne stärkere Hysterese- und Nachwirkungseffekte zeigen als nicht temperaturkompensierte Kerne gleicher Werkstoffart (vgl. Bild 8b, c, d). Nicht temperaturkompensierte Kerne können aber im Spitzendetektorverfahren praktisch nur unter Laborbedingungen bei konstanter Temperatur eingesetzt werden. Beim Flächendetektorverfahren tritt dagegen dieses Problem nicht in Erscheinung (vgl. Abschnitt 2.2).

2.1.11. Gesamtsystem

Bild 24 gibt eine zusammenfassende Übersicht über das entwickelte Betriebssystem nach dem Spitzendetektorverfahren. Es steht in Form eines kompakt aufgebauten Gerätemusters für Kernmaterialuntersuchungen oder Dauerversuche sowie Temperaturversuche zur Verfügung. Die Komparatoreinheit sowie alle Elektronikbaugruppen sind austauschbar und an wechselnde Parameter in weiten Bereichen anpaßbar [23], [24].

2.2. Modifiziertes Flächendetektorverfahren

Geht man von dem von HAHLBOHM und LUTHER beschriebenen Grundprinzip mit einem einzigen Ringkern aus [15], so ist zu bedenken, daß in den Steuerwicklungen sehr hohe Wechselspannungen induziert werden, und daß natürlich ebenfalls in der Detektorwicklung eine hohe Wechselspannung induziert wird. Der Flächendetektor muß dann diese hohe Wechselspannung verarbeiten und das eigentliche Nutzsignal als demgegenüber kleinen Unsymmetrieanteil ausmitteln; hierbei wären an die Präzision des Flächendetektors extreme Anforderungen zu stellen. Es ist deshalb zweckmäßig, das Verfahren entsprechend Bild 25 ebenfalls zu einem Zwei-Kern-Verfahren zu modifizieren; in diesem Falle kompensieren sich "symmetrische" Spannungsanteile, und der Flächendetektor braucht nur "unsymmetrische" Spannungsanteile zu verarbeiten, die von der Größenordnung des Nutzsignals sind. Bezüglich der Wirkungsweise des modifizierten Verfahrens sei auf die stark schematisierte Darstellung in Bild 26 verwiesen, aus der die zu beachtenden Vorzeichenrelationen hervorgehen. Die Bilder 27 und 28 zeigen die für die Realisierung des Verfahrens eingesetzten Schaltungen. Es handelt sich bei dieser Realisierung lediglich um ein Labormuster, das für die Untersuchung von Kerneigenschaften eingesetzt worden ist (vgl. Abschnitt 3.2). Das System Bild 25 kann jedoch ebenfalls zu einer potentialunabhängigen Spannungsübertragungseinheit weiterentwickelt werden.

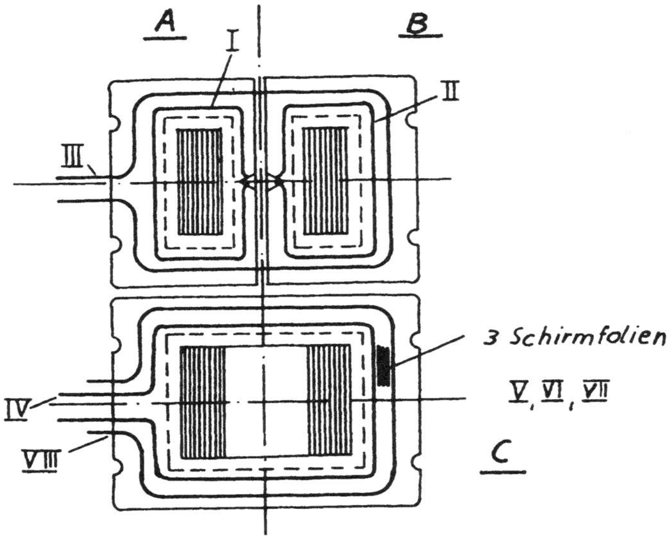

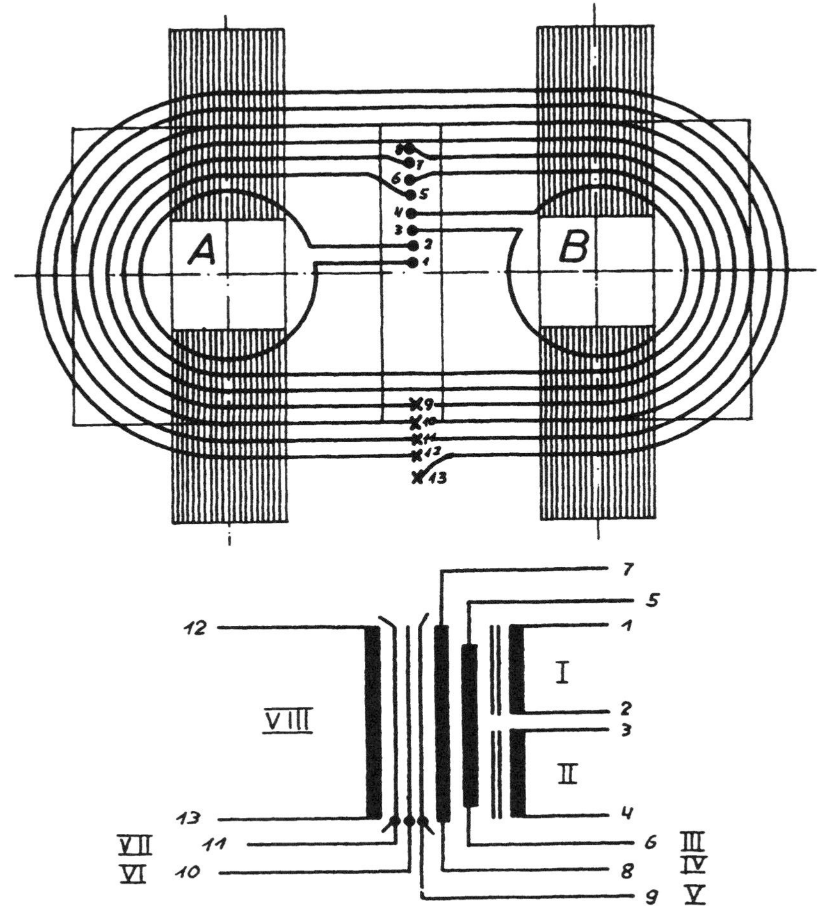

Bild 22. Komparatoren mit geschichteten Kernen aus U-I- bzw. M-Blechen nach DIN 41302, schematisch.

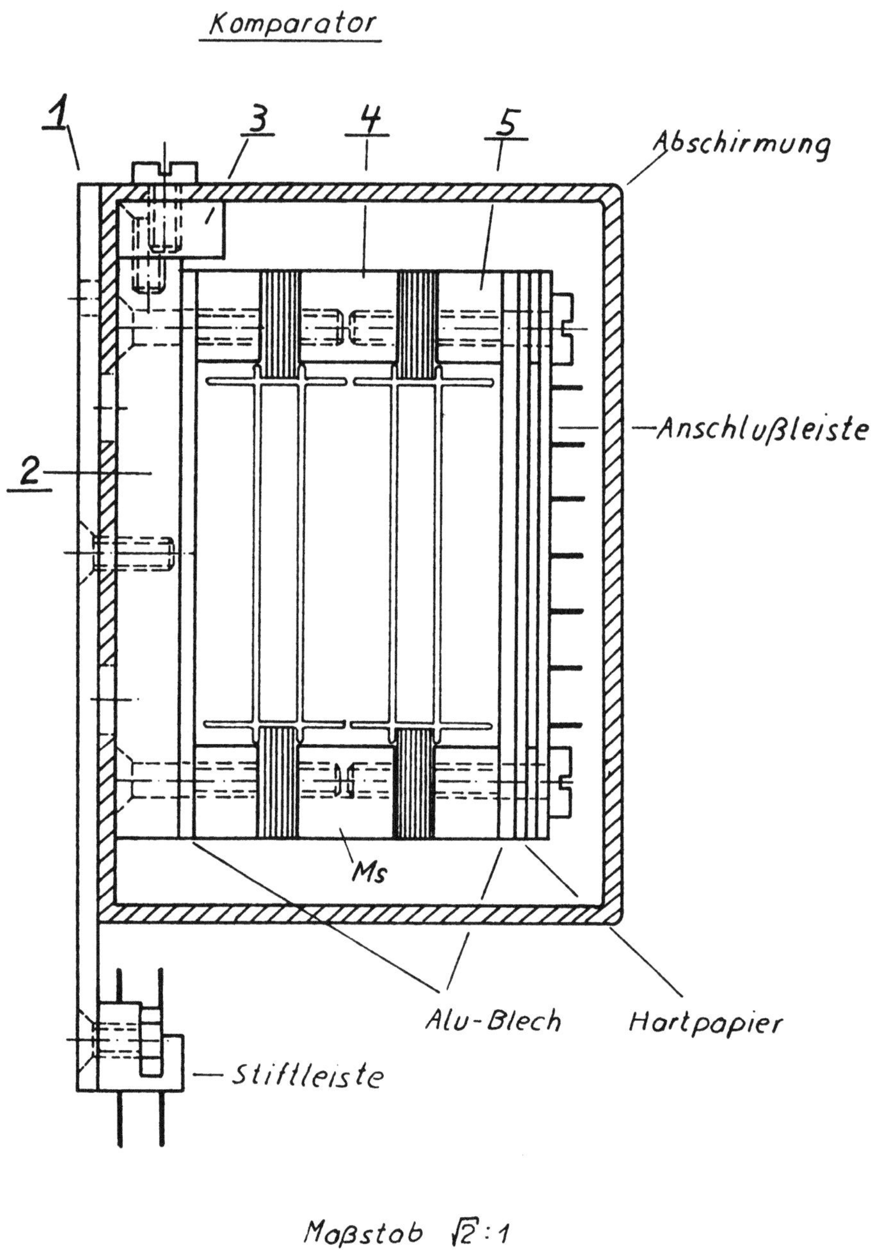

Bild 23. Aufbau eines Komparators aus U-I-Blechen DIN 41302 innerhalb eines Mumetall-Rechteck-Abschirmbechers (Vacuumschmelze GmbH., Hanau).

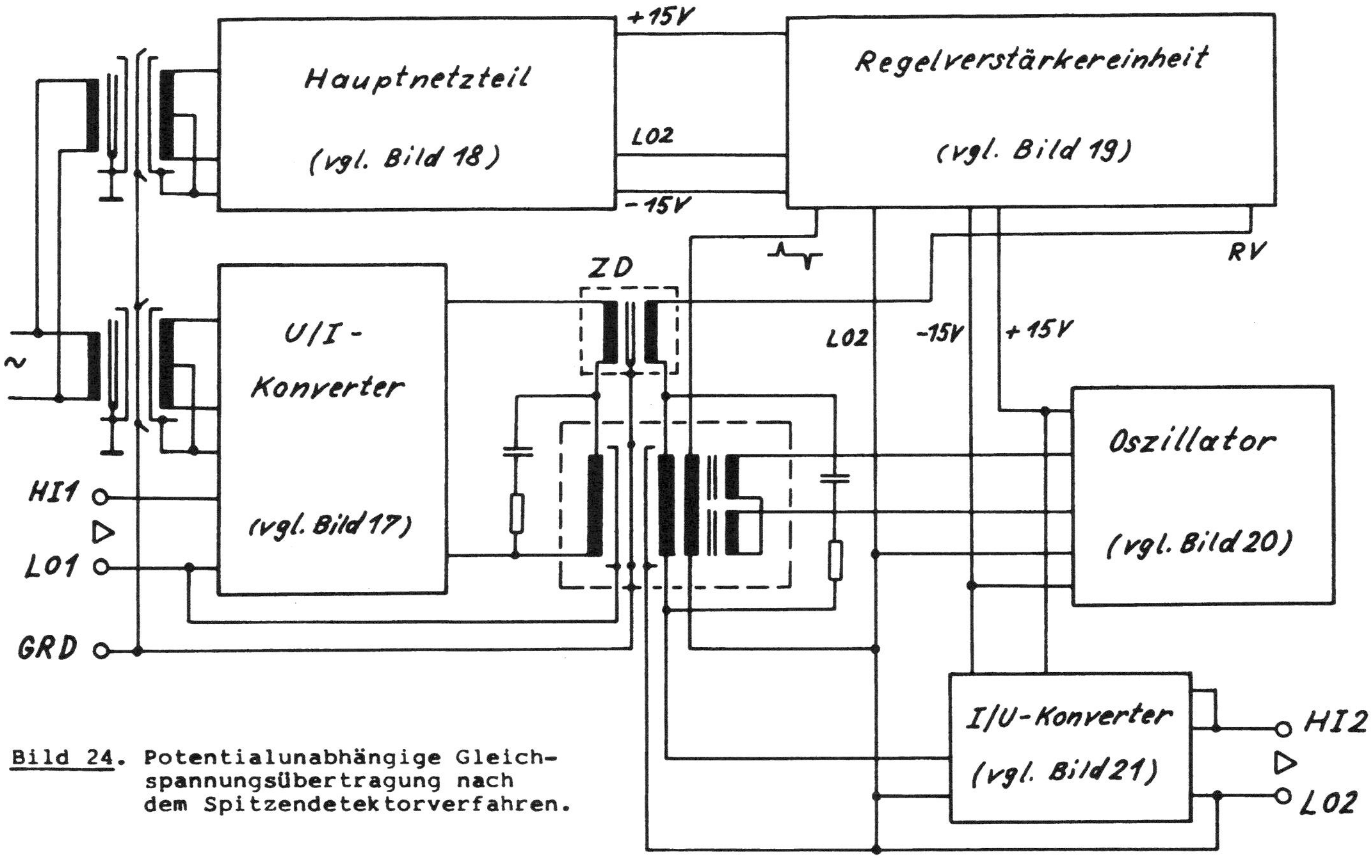

Bild 24. Potentialunabhängige Gleichspannungsübertragung nach dem Spitzendetektorverfahren.

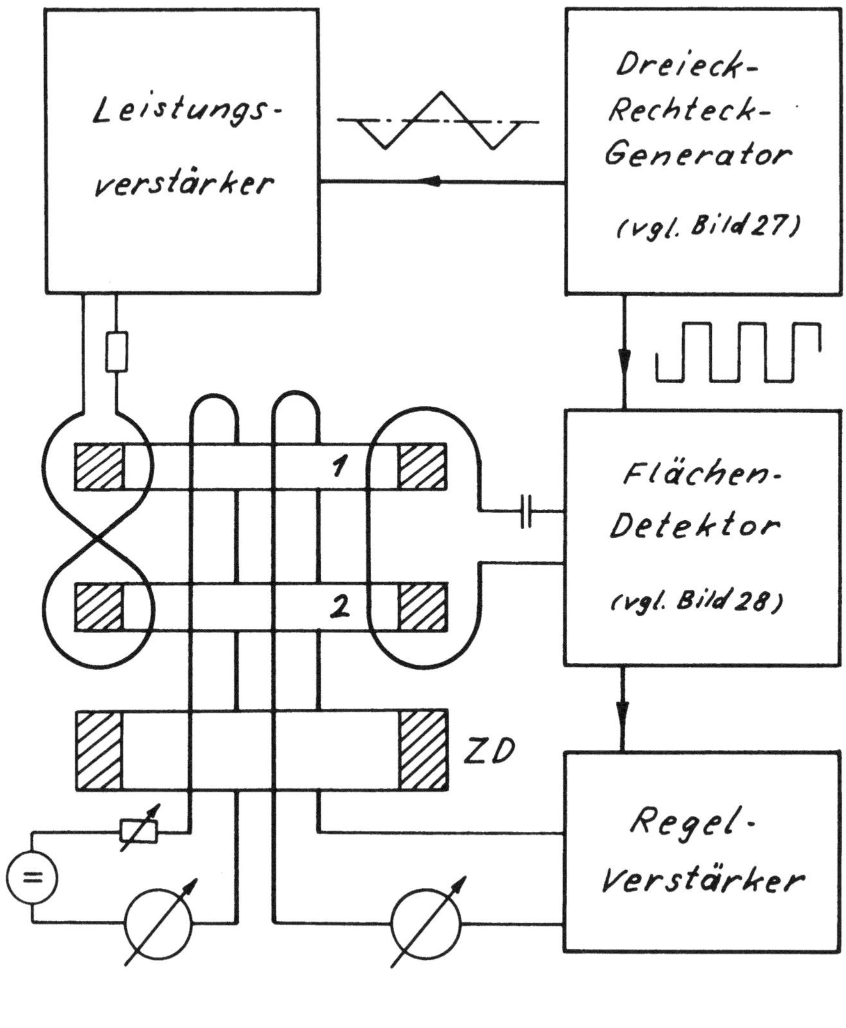

Durch Ergänzen eines U/I-Konverters und eines I/U-Konverters kann dieses System ebenfalls zu einer potentialunabhängigen Gleichspannungsübertragung ähnlich Bild 7 bzw. Bild 24 erweitert werden.

Bild 25. Modifiziertes Flächendetektorverfahren [15], Versuchsaufbau zur Untersuchung von Kerneigenschaften unter Laborbedingungen.

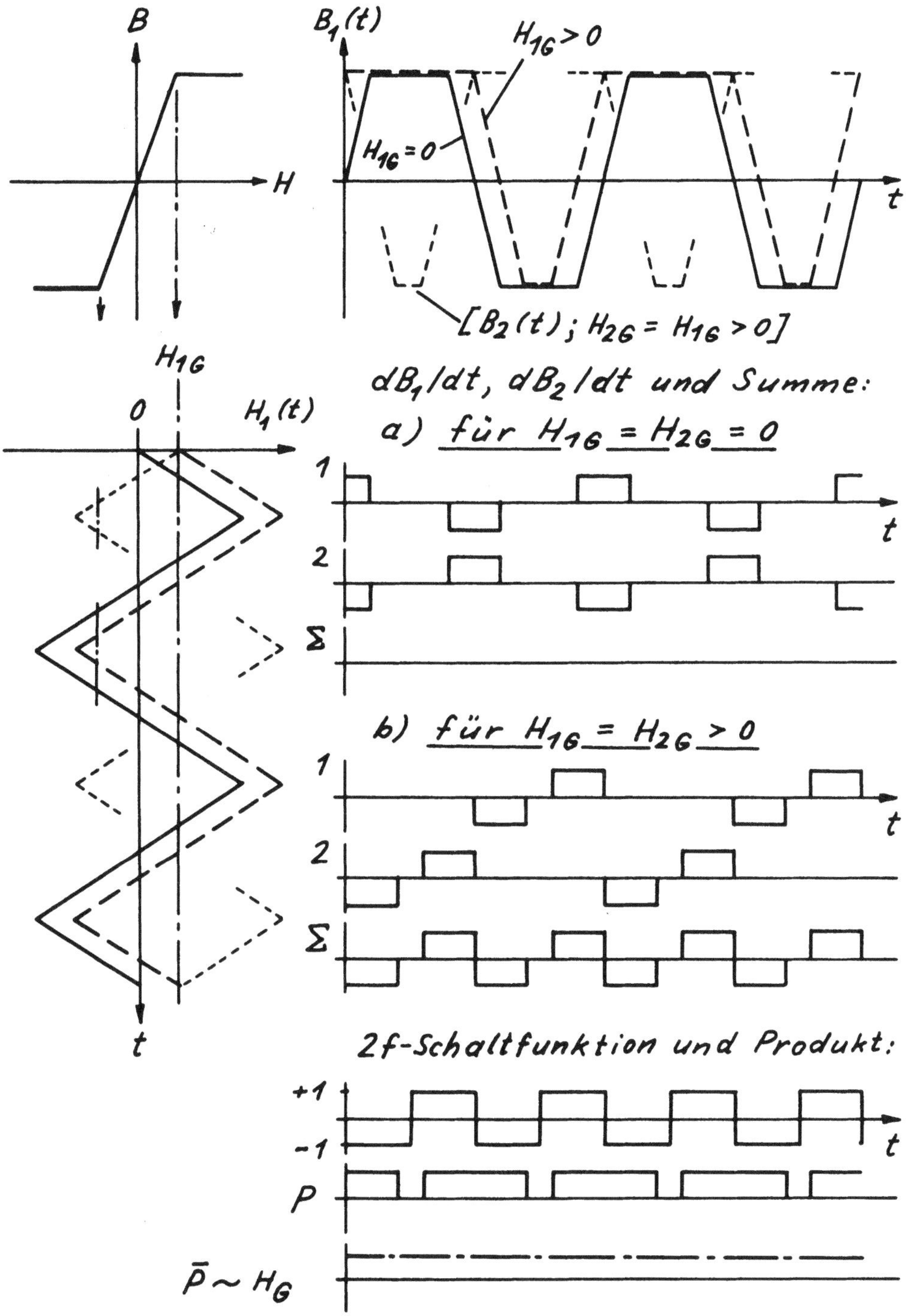

Bild 26. Stark schematisierte Darstellung der Wirkungsweise des modifizierten Flächendetektorverfahrens.

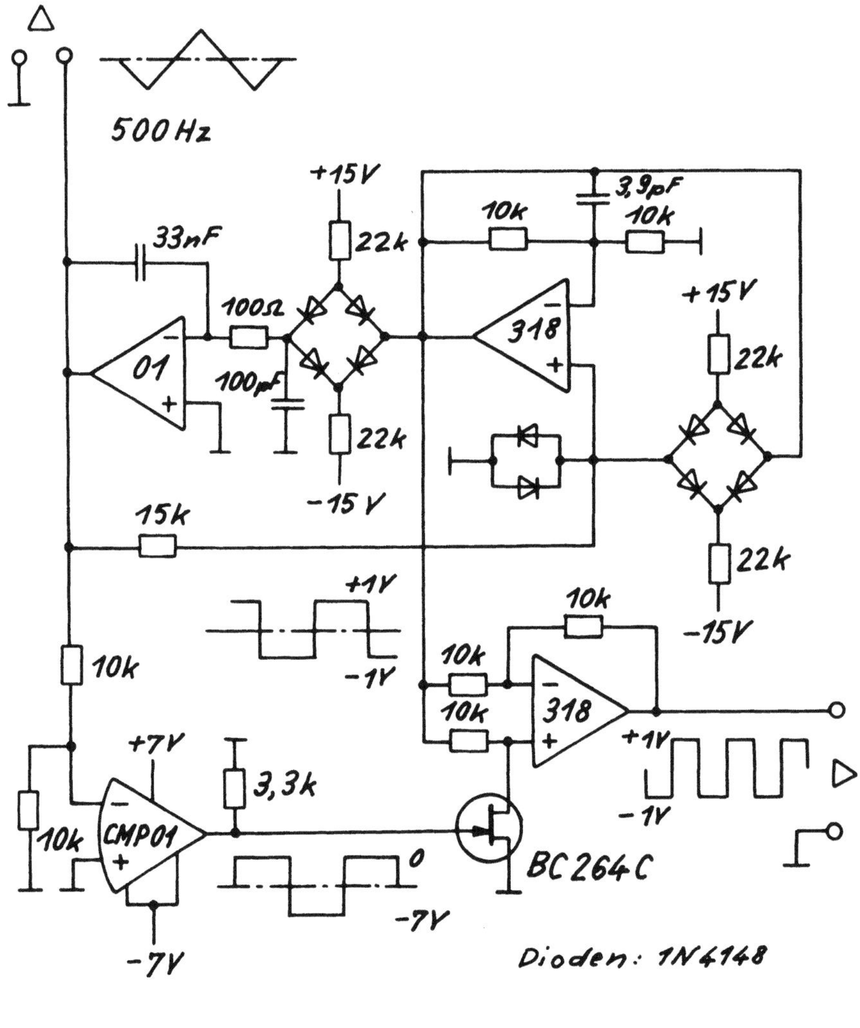

Bild 27. Dreieck-Rechteck-Generator für das modifizierte Flächendetektorverfahren.

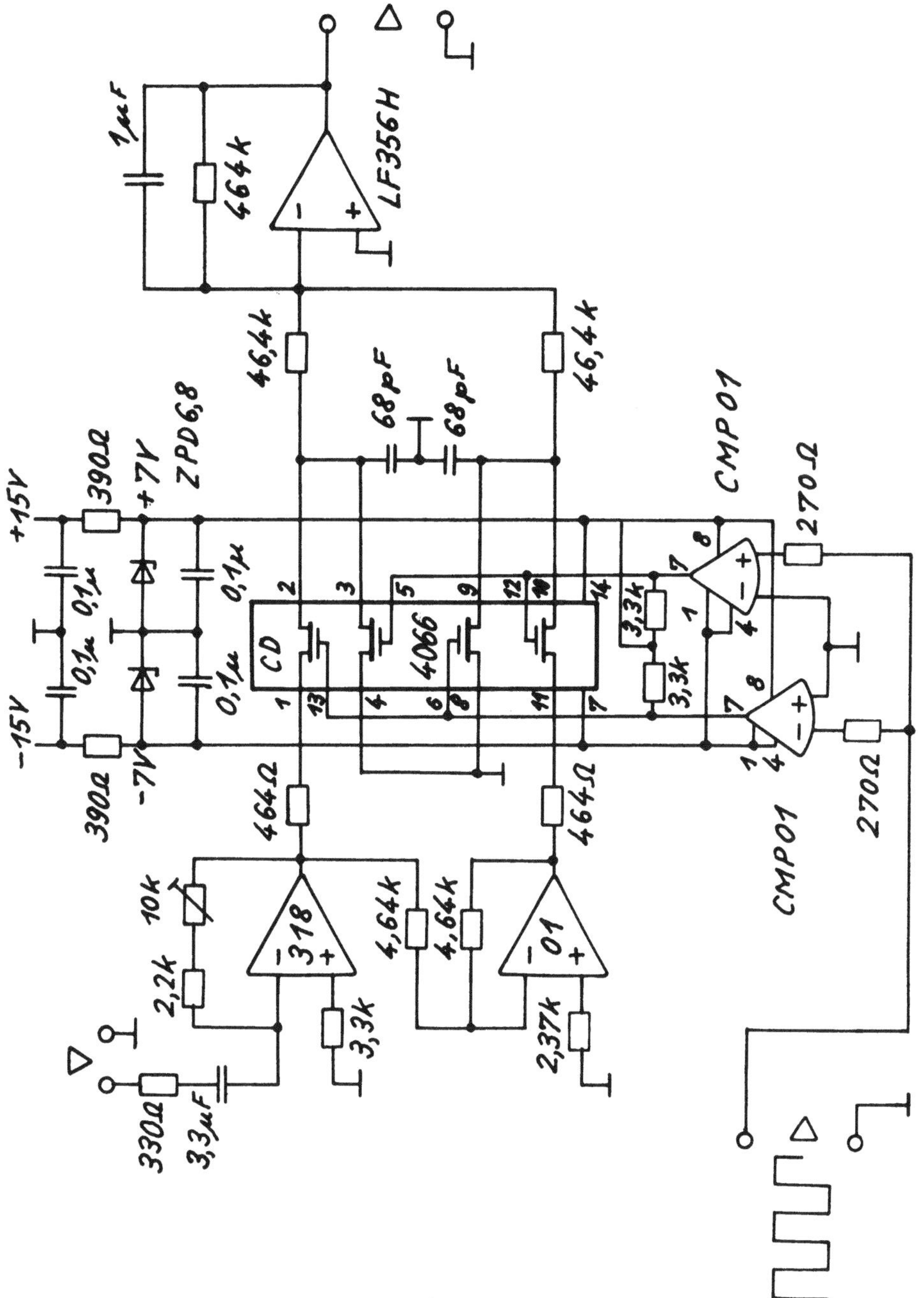

Bild 28. Schaltbild des Flächendetektors.

Man erkennt in Bild 26, daß für das Detektorausgangssignal die Summe der Beiträge der beiden Komparatorkerne 1 und 2 maßgebend ist und nicht eine (kleine) Differenz, wie beim Spitzendetektorverfahren. Aus diesem Grunde führen hier im Gegensatz zum Spitzendetektorverfahren Temperaturänderungen der Komparatorkerne nicht zu nennenswerten Nullpunktverschiebungen; dem steht jedoch ein beachtlich größerer Schaltungsaufwand gegenüber.

3. Hysterese- und Nachwirkungsprobleme

3.1. Physikalische Literatur

Die Literatur über Hysterese- und Nachwirkungserscheinungen in ferromagnetischen Werkstoffen ist sehr umfangreich; Literaturverzeichnisse und eine Zusammenfassung des gegenwärtigen Wissensstandes findet man in [17], [26], [27]. Ein Hinweis in [17, S. 28] führt auf die bereits in der Einführung (1.2.2.5) erwähnte Arbeit von HUGHES [16], aus der hervorgeht, daß Hystereseschleifen von Nickel-Eisen-Legierungen im Wechselfeldbetrieb Unsymmetrien zeigen können, aus denen auf die Existenz einer unterlagerten Gleichpolarisation im Inneren der Bleche geschlossen werden muß. In der hier vorliegenden Arbeit zeigt sich experimentell deutlich, daß eine derartige unterlagerte Gleichpolarisation dann auch Nachwirkungserscheinungen (Kriecherscheinungen) zeigt. Hierüber sind offenbar nach HUGHES keine weiteren physikalischen Untersuchungen durchgeführt worden. In der Literatur und in den erwähnten Zusammenfassungen geht es vielmehr in der Regel um Versuchsführungen, bei denen bei konstanter magnetischer Erregung H entweder der zeitliche Verlauf der Magnetisierung oder der magnetischen Induktion B verfolgt wird (Retardationsversuch) oder die zeitliche Änderung der Suszeptibilität oder Permeabilität (Desakkomodationsversuch), [26]. Als wesentlichste Nachwirkungserscheinungen treten hierbei jeweils die JORDAN-Nachwirkung (irreversible Nachwirkung, thermische Nachwirkung, Fluktuationsnachwirkung) und die RICHTER-Nachwirkung (reversible Nachwirkung) auf. Ursache dieser Nachwirkungserscheinungen sind in jedem Falle Gitterfehlstellen [26]. Bei der JORDAN-Nachwirkung handelt es sich um durch thermische Schwankungen verzögert ausgelöste Barkhausensprünge, bei der RICHTER-Nachwirkung dagegen um eine zeitlich verzögerte Umordnung von Gitterfehlern bzw. Fremdatomen im Gitter [26], [27, S. 47]. Daraus ist zu schließen, daß Hysterese- und Nachwirkungseffekte eben um so kleiner sein werden, je weniger Fehlstellen und je weniger Verunreinigungen ein Kernwerkstoff enthält. Die gleiche Forderung ist für die Erzielung einer hohen Permeabilität zu erfüllen, vgl. z.B. [17, S. 155, S. 383]. Unterstellt man nun, daß zwischen diesen Nachwirkungseffekten und der im Wechselfeldbetrieb zu beobachtenden unterlagerten Gleichpolarisation ein enger Zusammenhang bezüglich des Kriechverhaltens besteht, so kann man davon ausgehen, daß sich die hier störenden Hysterese- und Nachwirkungseffekte in dem Maße verringern, in dem man zu möglichst hochpermeablen Werkstoffen übergeht. In [27, S. 24] findet man ein entsprechendes Bild über die Korrelation zwischen

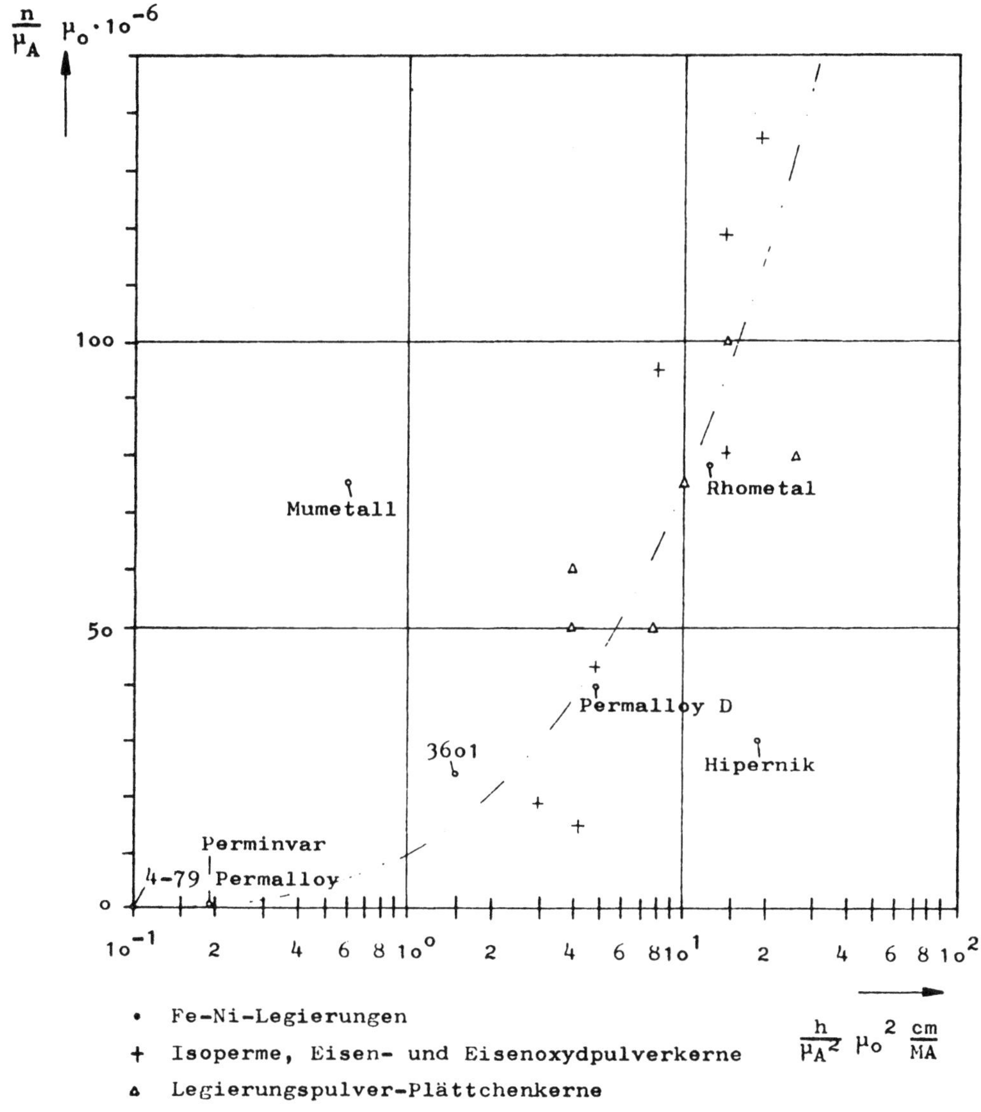

<u>Bild 29</u>. Die Korrelation zwischen dem Nachwirkungsbeiwert n und dem Hysteresebeiwert h (Definition nach JORDAN) nach [28], [24].

Anfangspermeabilität und Koerzitivfeldstärke, und nach [28, S. 253-257] läßt sich eine entsprechende Korrelation zwischen dem Nachwirkungsbeiwert n und dem Hysteresebeiwert h (Definition nach JORDAN, z.B. [28], S. 246) aufzeichnen, vgl. Bild 29. Irgendwelche Sonderbehandlungen von Kernmaterialien mußten hier aus Wirtschaftlichkeitsgründen von vornherein ausgeschlossen werden; es war ohnehin von drei angesprochenen Herstellern nur ein Unternehmen bereit, listenmäßige Kernmaterialien in k l e i n e n Musterstückzahlen zu liefern.

3.2. Technische Literatur

Einige wenige Angaben über den hier vorliegenden Fall kleiner Gleichpolarisationen, die einer großen Wechselaussteuerung unterlagert sind, findet man bei KUSTERS [7]. Hiernach ist bekannt, daß das Modulationssignal die Sättigungsgrenze nennenswert überschreiten muß und daß die Gleichdurchflutungen keine magnetische Übersteuerung verursachen dürfen. Irgendwelche weiteren Informationen über den Nachwirkungsprozeß und über Gesichtspunkte für die Materialauswahl sind auch hier nicht zu finden. Es mußte deshalb hierzu eine Reihe experimenteller Untersuchungen durchgeführt werden, die jedoch nur stichprobenartigen Charakter haben konnten.

3.3. Systemgebundene Untersuchungen

Die charakteristische Erscheinungsform des Hysterese- und Nachwirkungseffekts bei konstanter Temperatur ist bereits in Bild 8 (Abschnitt 1.3.3) für Mumetall-Bleche UI30 und für verschiedene Ultraperm-Ringkerne dargestellt. In Abhängigkeit von Vorzeichen und Größe einer magnetischen Übersteuerung setzt der Normalbetrieb in Bild 8a (Mumetall UI30) mit jeweils verschiedenen Anfangswerten des Nullpunktfehlers ein. In der Regel schließt sich dann ein Kriecheffekt an, der je nach Material 3 bis 30 Stunden lang verfolgt werden kann. Es kann aber auch ein kriechfreier Nullpunktstart auftreten, z.B. im Fall B (Bild 8a). Die Vermutung, daß es sich hierbei um einen polarisationsfreien und deshalb für den Komparatorbetrieb günstigen Anfangszustand handelt, konnte nicht bestätigt werden, weil spätere Untersuchungen zeigten, daß bei Temperaturänderungen auch in diesem Falle eine irreversible Nullpunktänderung auftritt. Es ist daher wahrscheinlich auch ein Anfangszustand wie im Falle B nicht polarisationsfrei, und es scheint darüber hinaus so zu sein, daß bei verschiedenen Temperaturen verschiedene stabile Restpolarisationen auftreten. Soweit ein Kriecheffekt auftritt, verläuft dieser zunächst schnell und dann immer langsamer werdend; dieses Erscheinungsbild ist völlig äquivalent zu dem der JORDAN-Nachwirkung mit ihrer Zeitkonstantenstreuung [26], [27], [30]. Bei den untersuchten Mumetall-Blechen führt der Nachwirkungsprozeß nicht zu e i n e m bestimmten Endwert, auch nicht nach einigen hundert Stunden Betriebszeit, vielmehr bleibt der Endwert stets von der Lage des Anfangswertes abhängig. Bei extrem weichmagnetischen Materialien dagegen führt der Nachwirkungsprozeß zu einem nahezu einheitlichen Endwert, wie etwa im Falle der Bilder 8b, c, d nach 2 bis 6 Stunden. Man kann jedoch auch in diesem Falle nicht ohne wei-

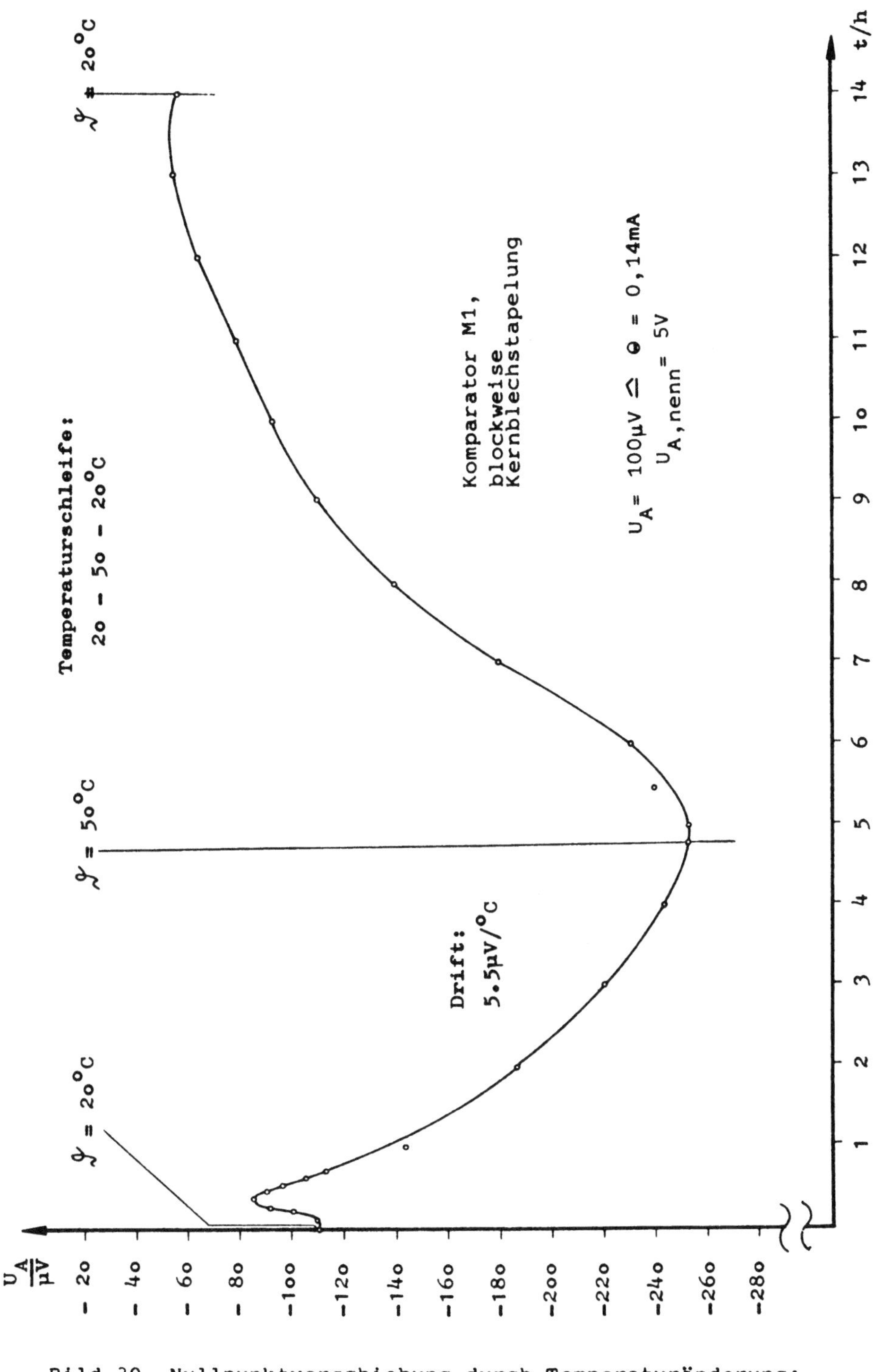

Bild 30. Nullpunktverschiebung durch Temperaturänderung: Komparator M1 mit blockweiser Kernblechstapelung.

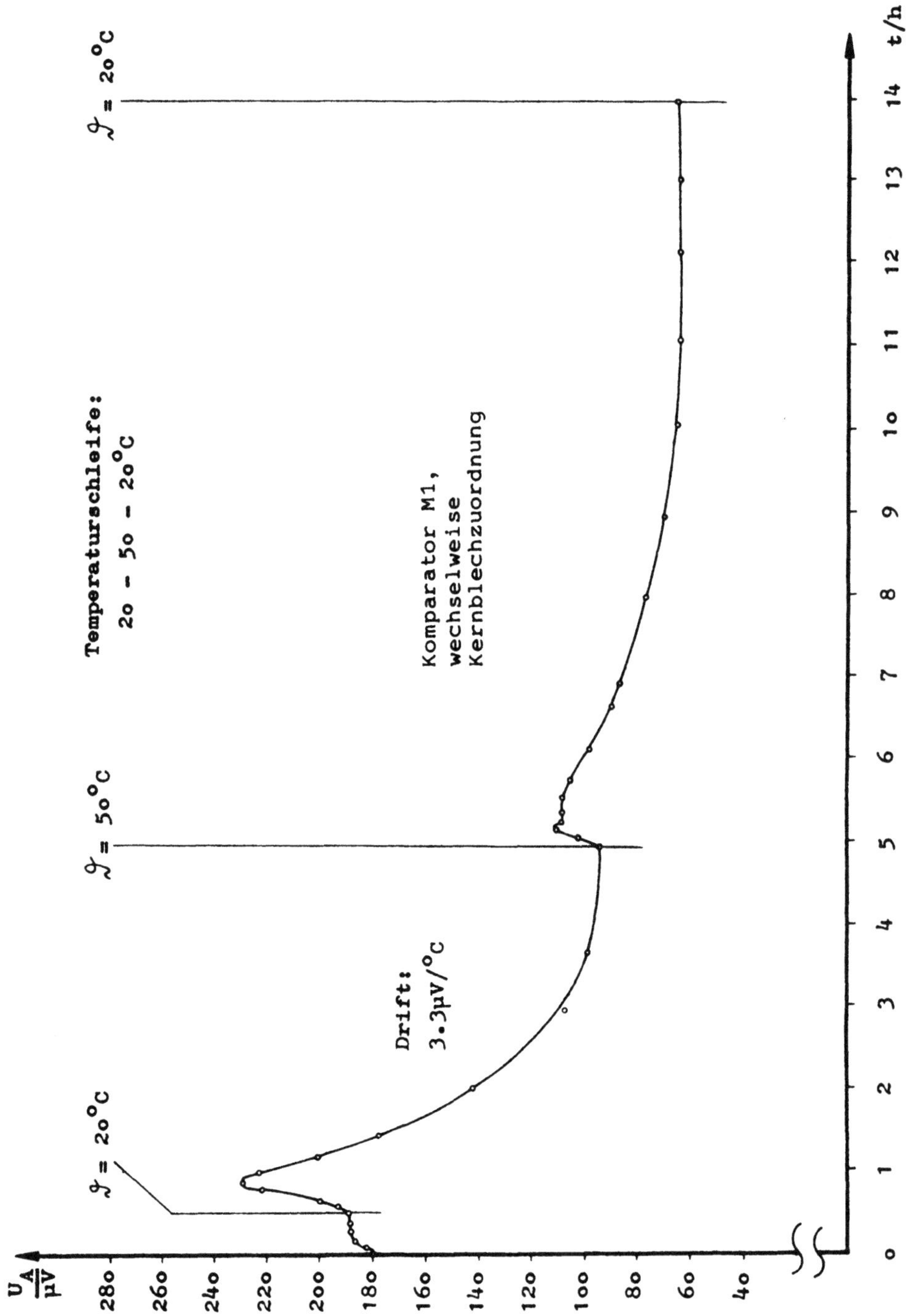

Bild 31. Nullpunktverschiebung durch Temperaturänderung: Komparator M1 mit wechselweiser Kernblechzuordnung.

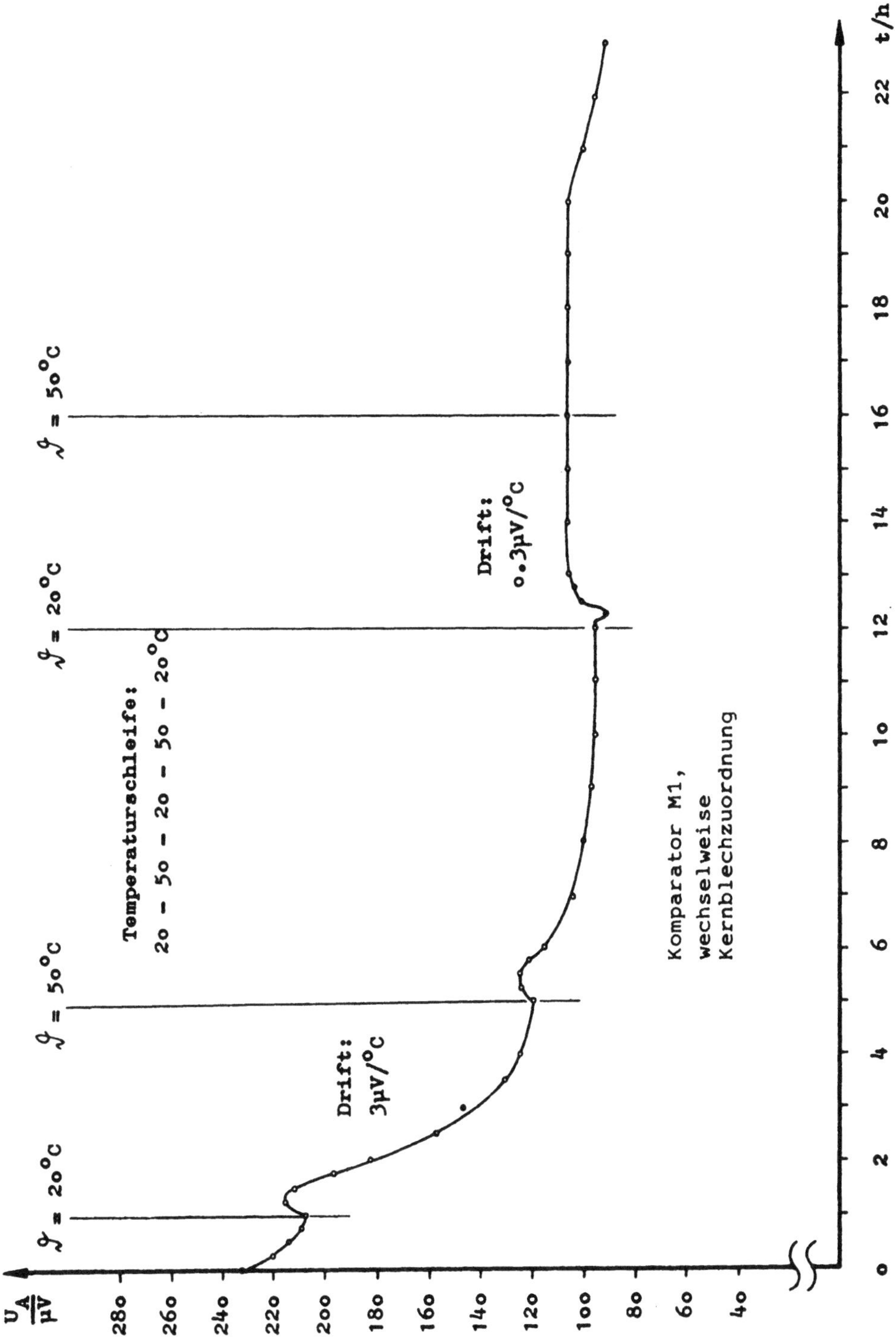

Bild 32. Nullpunktverschiebung durch Temperaturänderung:
Komparator M1 mit wechselweiser Kernblechzuordnung.

teres von der Annahme ausgehen, daß es sich dabei dann um einen polarisationsfreien Zustand handelt, weil bei Temperaturänderungen auch hier oft irreversible Nullpunktänderungen zu beobachten sind.

Die Bilder 30 bis 32 geben einen Eindruck von der Kompliziertheit des Temperatureinflusses am Beispiel eines Komparators aus M30-Mumetall-Blechen [24]. Im Falle des Bildes 30 wurde vom angelieferten Kernblechvorrat zunächst ein Komparatorkern (wechselseitig) aufgeschichtet, danach der zweite. Der Temperaturversuch zeigt deutlich einen reversiblen und einen irreversiblen Anteil der Nullpunktdrift. Im Falle des Bildes 31 dagegen wurde vom angelieferten Kernblechvorrat jeweils abwechselnd ein Blech in den einen, das nächste Blech in den anderen Kern geschichtet, usw., so daß man davon ausgehen kann, daß in diesem Falle zufällige Inhomogenitäten der magnetischen Eigenschaften, z.B. unterschiedliche Temperaturabhängigkeiten der Sättigungsmagnetisierung, gleichmäßig über beide Kerne des Komparators verteilt sind. In diesem Falle zeigte der Temperaturversuch fast nur eine irreversible Nullpunktverschiebung. Bild 32 zeigt, daß es bei mehrmaliger Wiederholung von Temperaturschleifen zu einer Stabilisierung des Nullpunktes kommt. Die Temperaturerhöhung bewirkt offensichtlich eine Beschleunigung des Nachwirkungsprozesses und eine Stabilisierung auf einen anderen Wert der Restpolarisation; ersteres entspricht den bei reinen Gleichfeldern beobachtbaren Nachwirkungsprozessen [26]. Man kann also davon ausgehen, daß durch wechselweise Kernblechzuordnung eine beträchtliche Reduzierung des reversiblen Temperatureinflusses erzielt werden kann.

Es mußte auch in Betracht gezogen werden, daß es sich bei dem irreversiblen Driftanteil um mechanisch bedingte Effekte handeln könnte [29]. Dies kann jedoch mit einiger Sicherheit ausgeschlossen werden, weil sich ein Einlaufvorgang ähnlich Bild 31 oder 32 nach jedem magnetischen Neustart wiederholt, während montagebedingte magnetische Effekte entweder reversible Temperatureinflüsse ergeben oder nach einigen Wiederholungen verschwinden müßten. Außerdem ergeben Versuche mit mechanisch zwangfrei geschichteten Blechen kein grundsätzlich anderes Bild.

In den Bildern 31 und 32 deutet sich zugleich an, daß die Richtung des temperaturbedingten Nachwirkungsschubes nicht mit Sicherheit vorhersehbar ist. In Bild 31 liegt zunächst - bei konstanter Temperatur - eine steigende Drifttendenz vor, die sich dann während des Aufheizens umkehrt. In Bild 32 dagegen liegt schon bei konstanter Temperatur eine fallende Tendenz vor, die dann während des Aufheizens beschleunigt fortgesetzt wird. Der zweite Aufheizvorgang zeigt dann, daß eine Stabilisierung eingetreten ist. Diese geht jedoch im Falle einer neuen magnetischen Übersteuerung wieder verloren.

Es muß nun noch einmal kurz auf den Spitzendetektor (vgl. Bild 4, 7 und 19) eingegangen werden. Im Idealfalle sollten die positiven und negativen Detektorimpulse dann gleich hoch sein, wenn die Komparatorkerne durchflutungsfrei und polarisationsfrei sind. In der Regel sind jedoch die beiden Impulse schon in diesem Falle verschieden hoch, weil bezüglich der Kerneigenschaften und des technischen Aufbaus des Systems eben keine

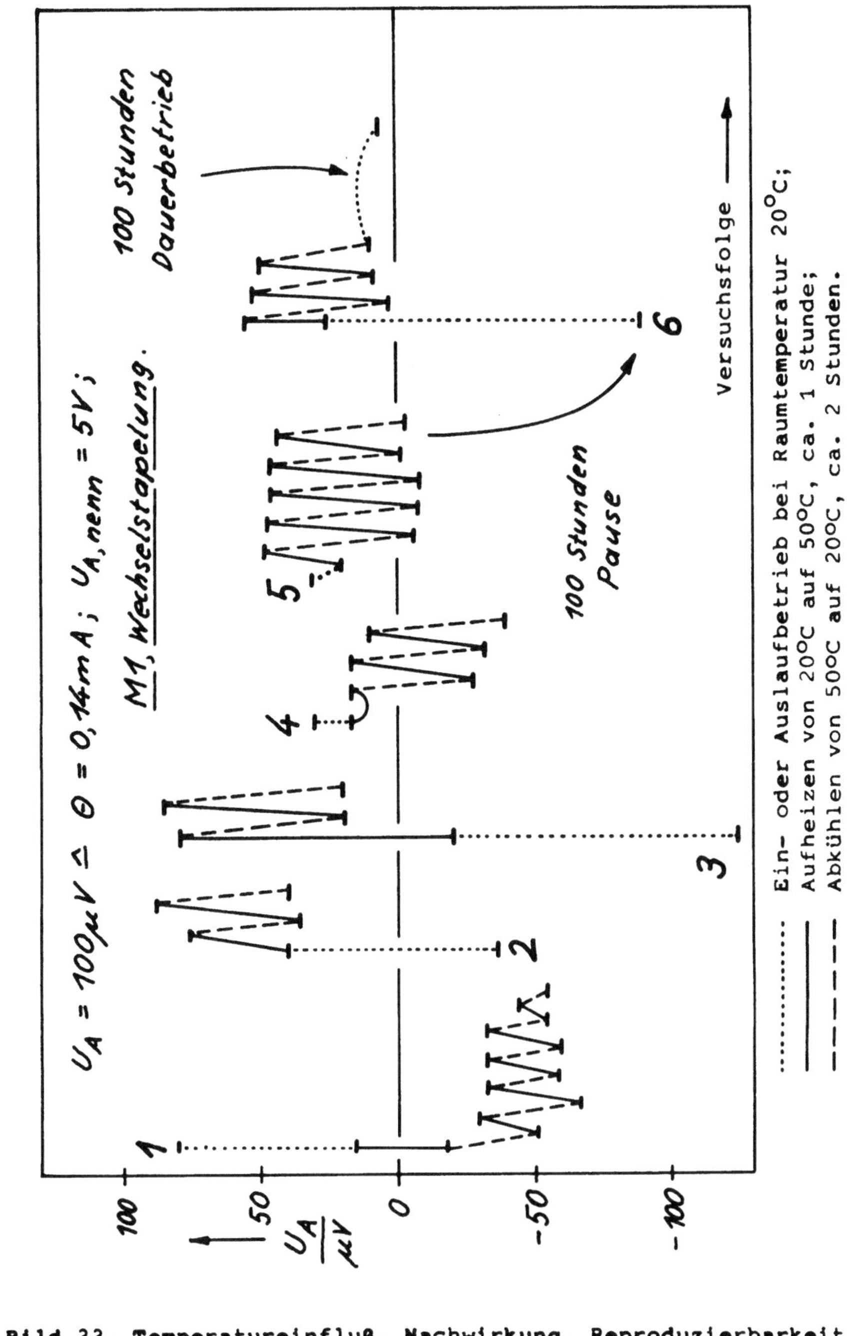

Bild 33. Temperatureinfluß, Nachwirkung, Reproduzierbarkeit, aufgenommen am Komparator M1 mit wechselweiser Kernblechzuordnung.

ideale Symmetrie erreicht werden kann. Aus diesem Grunde muß der im Spitzendetektor vorgesehene ohmsche Teiler eine Abgleichmöglichkeit enthalten, wie sie in Bild 19 zu erkennen ist. Dieser Abgleich müßte dann für einen Fall verschwindender Eingangsdurchflutung (vom U/I-Konverter her) und verschwindender Kernpolarisation so eingestellt werden, daß dann auch der vom Regler zu liefernde Kompensationsstrom verschwindet. Nun ist aber einerseits der Zustand verschwindender Kernpolarisation nicht erkennbar, andererseits hängen die zu beobachtenden Hysterese- und Nachwirkungseffekte auch wesentlich von der Einstellung dieses Abgleichs ab, weil der Regler zum Ausgleich einer durch sekundäre Effekte bedingten Unsymmetrie der Detektorimpulse eine kompensierende Gleichmagnetisierung einstellen muß, die dann wiederum Nachwirkungseffekten unterworfen ist. Eine wirklich optimale Einstellung des Spitzendetektors kann deshalb nur durch eine lange Reihe von Einschalt- und Temperaturwechselversuchen gefunden werden.

Bild 33 gibt einen Eindruck vom Verlauf eines derartigen Einstellprozesses. Drei verschiedene Einstellungen des Spitzendetektorabgleichs führen zu den verschiedenen Betriebsstartpunkten 1, 2 und 3 und wesentlich verschiedenem Verhalten des Systems bezüglich Einlaufkriechen, Erwärmungskriechen und Temperaturwechselverhalten. Schließlich wurde mit einer Einstellung entsprechend Startpunkt 5 eine mehr oder weniger optimale Nullpunkt-Reproduzierbarkeit erreicht. Nach 100 Stunden Betriebspause setzt das System im Startpunkt 6 wieder ein, erreicht aber nach einigen Temperaturwechseln wieder etwa die frühere Nulleinstellung und behält sie auch über die nächsten 100 Betriebsstunden bei. Der Temperatureinfluß beschränkt sich in W i e d e r h o l u n g s phasen auf reversible Nullpunktänderungen.

Bild 33 macht deutlich, daß auch bei bestmöglichem Abgleich für einen Betrieb mit Unterbrechungen immer der Hysterese- und Nachwirkungseinfluß als größter und schwer vorhersehbarer Fehlereffekt in Rechnung zu setzen ist, vorausgesetzt, daß der reversible Temperatureinfluß hinreichend klein gehalten werden kann. Bei anderen Kernmaterialien und -typen sieht das Erscheinungsbild ähnlich aus, nur daß die in Rechnung zu setzenden Fehlergrenzen für den Hysterese- und Nachwirkungseffekt um so kleiner werden, je weichmagnetischer das Material ist. Der reversible Temperatureinfluß kann dagegen bei nicht temperaturkompensierten Ringkernen (im Spitzendetektorverfahren) nicht ausreichend klein gemacht werden, weil eine Homogenisierung der Kerne (wie bei Blechkernen) nicht möglich ist. Dieses Problem läßt sich beim Spitzendetektorverfahren nur durch temperaturkompensierte Ringkerne lösen (z.B. Ultraperm 10TK, Vacoperm 100TK); beim Flächendetektorverfahren ist es unproblematisch (vgl. Abschnitt 2.2).

Tabelle 3 gibt schließlich eine Übersicht über die bei den hier untersuchten Komparatortypen beobachteten Fehlergrenzen des Hysterese- und Nachwirkungseffektes. Der jeweils angegebene Temperatureinfluß war natürlich stark von zufälligen Eigenschaften der jeweiligen Kernkombinationen abhängig. Man kann leicht die verschiedenen Fehlereffekte verfolgen, die schließlich zur Wahl des Komparatortyps R4 für den potentialunabhängigen Proportionalkompensator geführt haben. In der letzten Spalte ist für jeden untersuchten Kerntyp angegeben, welche relative

	Kernmaterial Kernform	Materialkennwerte			Temperatureinfluß		Nachwirkung		Hysterese		Hysterese relativ $S = 4\ A/mm^2$
		μ_4	H_{koerz} mA/cm	B_{max} T	µA / 10°C	µA/cm / 10°C	Θ / mA	µA / cm	Θ / mA	mA / cm	T = const.
M1	Mumetall 0,05mm Kernblech M30	20000	12	0,40	46	6,4	0,16	23	1,8	0,25	$28 \cdot 10^{-6}$
M2	Vacoperm 100 0,1mm Kernblech M30	50000	8	0,30					4,2	0,58	$65 \cdot 10^{-6}$
U1	Mumetall 0,1mm Kernblech UI30	20000	12	0,40	40	3,3	1	83	7	0,58	$36 \cdot 10^{-6}$
S1	Ferrit T38 Schalenkern 26Øx16	10000	40	0,30	34	9,2	0,30	81	0,37	0,10	$13 \cdot 10^{-6}$
R1	Vacoperm 100 0,1mm Ringkern 42x30x10	75000	8	0,70	260	23	0,11	10	1,32	0,12	$3{,}2 \cdot 10^{-6}$
R2	Ultraperm 10 0,1mm Ring 28,5x18,5x20	130000	4	0,70	700	95	0,03	4	0,03	0,004	$0{,}2 \cdot 10^{-6}$
R3	Ultraperm 10TK 0,1mm Ring 24x16,5x23	130000	4	0,70	20	3,1	0,08	12	0,08	0,012	$0{,}5 \cdot 10^{-6}$
R4	Ultraperm 10TK 0,1mm Ringkern 42x30x10	130000	4	0,70	80	7,3	0,7	64	0,7	0,064	$1{,}7 \cdot 10^{-6}$
K1	KUSTERS Hy Mu 80 [7] 0,1mm 190x178x13						0,01	0,17	0,3	0,005	$0{,}02 \cdot 10^{-6}$
K2	KUSTERS Hy Mu 80 [8] 0,05mm 140x127x13										$0{,}03 \cdot 10^{-6}$

Tabelle 3. Fehlereigenschaften der in der vorliegenden Arbeit untersuchten Komparatoren. R4 ist im Proportionalkompensator eingesetzt, K1 und K2 sind Vergleichsmuster nach KUSTERS. Angegeben sind jeweils die größten im Betrieb beobachteten Werte. Der Berechnung des kleinsten erreichbaren relativen Hysteresefehlers bei $S=4A/mm^2$ liegen die gleichen Annahmen zugrunde wie bei Tabelle 1.

Hysterese-Fehlergrenze bei einer Stromdichte von 4 A/mm^2 günstigstenfalls erreicht werden kann (Berechnung nach Abschnitt 2.1.6). Hierfür sind nicht nur die Eigenschaften des Kernmaterials entscheidend, sondern sehr wesentlich ist auch der verfügbare Wicklungsquerschnitt; dieser ist z.B. bei der von KUSTERS gewählten Ringkernform erheblich größer als bei den hier zugrunde gelegten, konstruktiv handlicheren Kernformen. Vergleicht man z.B. die Komparatoren R3 und R4 miteinander, so erkennt man, daß man selbst bei ein und demselben Kernwerkstoff mit erheblichen Unterschieden bezüglich des hier interessierenden Hystereseverhaltens rechnen muß. Vorausberechnungen bezüglich der erzielbaren Hysterese-Fehlergrenze müssen u. U. einen Sicherheitsabstand um den Faktor 5 bis 10 vorsehen. Außerdem muß berücksichtigt werden, daß man den berechneten Bestwert des relativen Hysteresefehlers oft infolge vorab festliegender technischer Randbedingungen (z.B. Versorgungsspannung und maximal möglicher Kompensationsstrom, vgl. auch Tabelle 1) nicht erreichen kann. Anhand von Tabelle 3 kann man sich jedoch stets eine Übersicht darüber verschaffen, welches Kernmaterial welcher Genauigkeitsforderung in etwa gerecht werden kann.

Mit Hilfe der Betriebssysteme Bild 24 und Bild 25 könnten in einem für die Entwicklung ferromagnetischer Werkstoffe eingerichteten Laboratorium eingehendere physikalische Untersuchungen über den einer Wechselmagnetisierung unterlagerten Polarisationseffekt durchgeführt werden.

4. Potentialunabhängiger Proportionalkompensator

4.1. Systemkonzeption

Bild 34 zeigt die Konzeption des entwickelten feinstufig schaltbaren, potentialunabhängigen Proportionalkompensators. Die Umschaltschritte werden in den beiden höchsten Dekaden (x10^{-1} und x10^{-2}) durch Windungszahlumschaltung (kurzschließende Schaltschritte!) realisiert, in den weiteren Dekaden durch Stromteiler nach dem DIESSELHORST-Prinzip [21], [31]. Sämtliche Schalter müssen kurzschließend (überlappend) schalten, damit es während einer Umschaltung nicht zur Stromkreisunterbrechung kommt.

Nach den Ergebnissen der zuvor beschriebenen Materialuntersuchungen mußten für die Realisierung des Kompensators mit einem Hysteresefehler von weniger als 10^{-5} des Nennbereiches Ringkerne aus ULTRAPERM 10 TK eingesetzt werden, um einen ausreichenden Fehlerabstand zu gewährleisten. Die Versuchsmuster R2 und R3 (vgl. Tabelle 3) waren wegen ihrer etwas speziellen Abmessungen, insbesondere wegen zu geringen Wickelquerschnitts, nicht für den Aufbau eines vielstufigen Kompensators geeignet. Schließlich erklärte sich die Firma Vacuumschmelze GmbH Hanau zu einer Sonderanfertigung der Ringkerne R4 aus ULTRAPERM 10 TK bereit. Diese Ringkerne zeigten allerdings später einen fast 10-fach höheren Hystereseeffekt als die Ringkernmuster R3; sie waren damit aber immer noch um den Faktor 2 besser als R1 (Vacoperm 100) und wurden deshalb für die Realisierung des Kompensators gewählt.

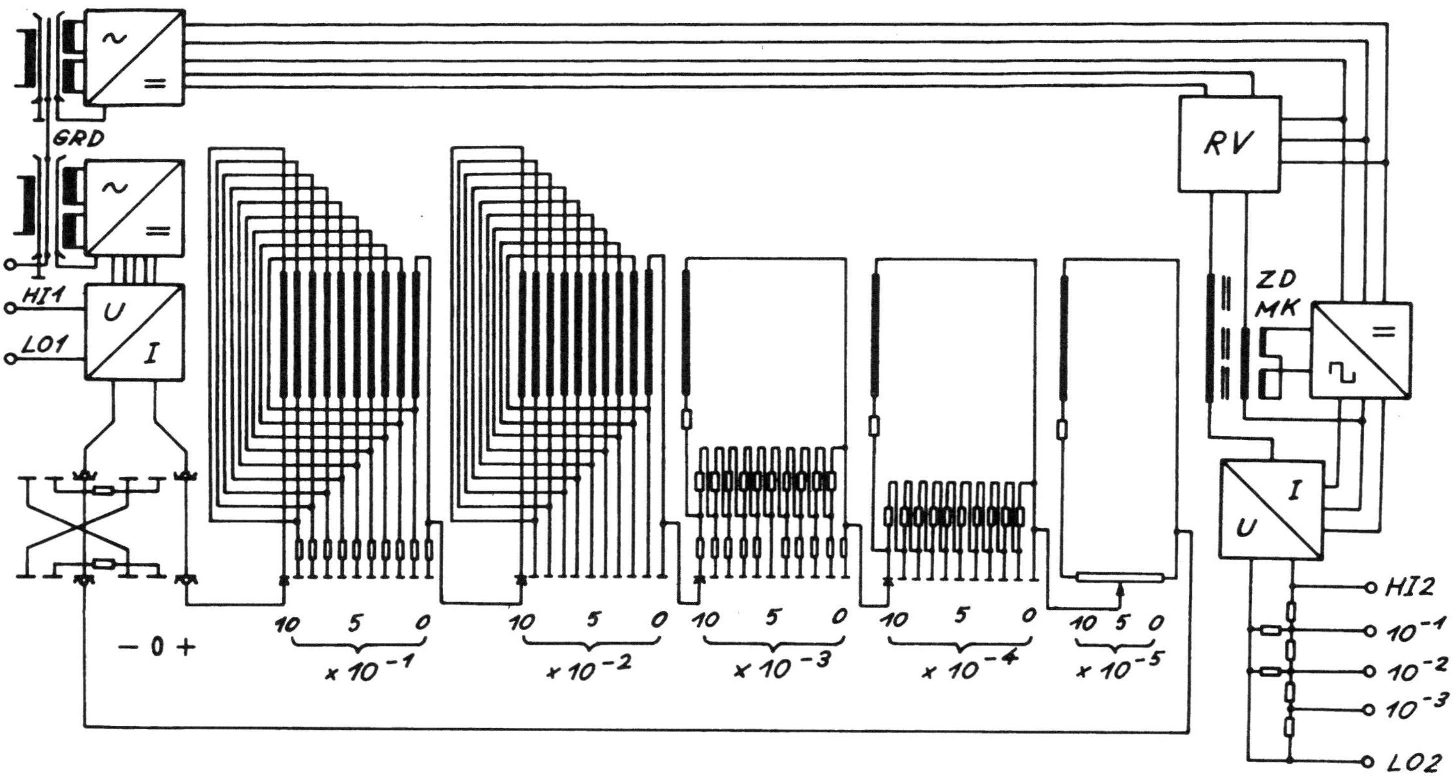

Bild 34. Aufbau eines potentialunabhängigen Proportionalkompensators mit magnetischem Komparator.

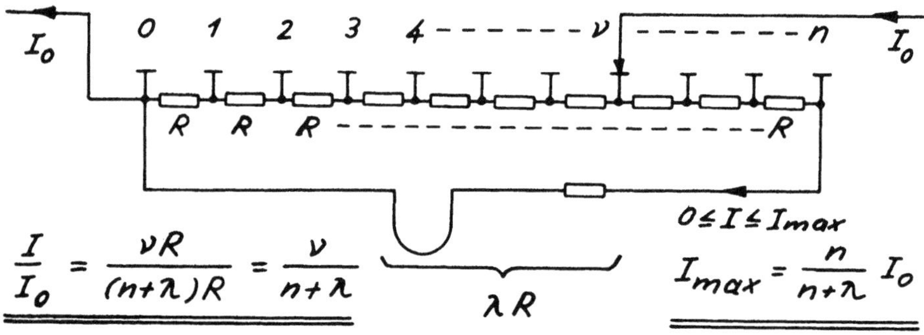

Bild 35. Stromteilung nach dem Prinzip des DIESSELHORST-Ringes.

1. Dekade: 10 x 800 Windungen = 8000 Windungen	
I_0 = 10 mA	$\Theta_{1,max}$ = 10 mA x 8000 = 80 A
2. Dekade: 10 x 80 Windungen = 800 Windungen	
$I_{max} = I_0$	$\Theta_{2,max}$ = 10 mA x 800 = 8 A
3. Dekade: R = 500 Ω λ = 1 n = 10 88 Windungen	
$I_{max} = \frac{10}{11} \cdot 10$ mA	$\Theta_{3,max} = 10\ \text{mA}\ \frac{10}{11}\ 88$ = 0,8 A
4. Dekade: R = 100 Ω λ = 2,5 n = 10 10 Windungen	
$I_{max} = \frac{10}{12,5} I_0 = 0,8 I_0$	$\Theta_{4,max}$ = 10 mA·0,8·10 = 0,08 A
Feineinstellung: nR = 100 Ω λ = 2,5 n=10 1 Windung	
$I_{max} = \frac{10}{12,5} I_0 = 0,8 I_0$	$\Theta_{5,max}$ = 10 mA·0,8·1 = 0,008 A
Maximaldurchflutung	88,888 A

Tabelle 4. Durchflutungsbilanz der Einstelldekaden des potentialunabhängigen Proportionalkompensators.

Da zwischen den Steuerwicklungen und dem Detektorteil kein magnetischer Schirm vorgesehen ist, muß die präzise Übereinstimmung der einzelnen Schaltstufen durch einen zehnfädigen Wicklungsstrang erzielt werden (vgl. hierzu Abschnitt 2.1.1.1). Die Beschaffung eines geeigneten Materials ist schwierig, so lange davon nur Kleinmengen abgenommen werden können. Hier wurde deshalb für die Realisierung eines Erstmusters Hochfrequenzlitze 10 x 0,07 CuL/S (Hersteller: Kabel- und Lackdrahtfabriken GmbH Mannheim) eingesetzt.

Es waren dann die Durchflutungsbedingungen abzuschätzen. Beim Ringkernmuster R4 verursacht der Hystereseeffekt einen Durchflutungsfehler bis zu $\Theta_H = 0{,}7$ mA (vgl. Tabelle 3). Um den nennbereichsbezogenen Fehler kleiner als 10^{-5} zu halten, ist dann zu fordern:

$$\Theta_{Nenn} \geq \frac{\Theta_H}{10^{-5}} = \frac{0{,}7\,mA}{10^{-5}} = 70\,A\,. \tag{56}$$

Für die Herstellung der Eingangswicklung mußte nun - wie erwähnt - HF-Litze 10 x 0,07 CuL/S mit einem Außendurchmesser von 0,35 mm vorgegeben werden. Es war weiter zu berücksichtigen, daß die Wicklung im hier vorliegenden Falle von Hand angefertigt werden mußte und deshalb im Vergleich zu einer maschinengeführten Wicklung eine weit geringere Wickelraumausnutzbarkeit zugrunde zu legen war. So ergab eine vorsichtige Abschätzung schließlich, daß es möglich sein würde, für die erste Dekade der Eingangswicklung 800 Windungen HF-Litze vorzusehen, entsprechend einer Nennwindungszahl

$$w_{1,Nenn} = 8000\,. \tag{57}$$

Als Nennstrom wurde - aus Gründen der einfachen elektronischen Realisierbarkeit - der Wert

$$I_{1,Nenn} = 10\,mA \tag{58}$$

festgesetzt, entsprechend einer Durchflutung

$$\Theta_{1,Nenn} = 80\,A\,. \tag{59}$$

Die hiermit berücksichtigten speziellen technischen Randbedingungen haben zur Folge, daß nur ein Bruchteil der unter günstigsten Umständen - z.B. bei einem 1 : 1 - Komparator - erreichbaren Kerndurchflutung zur Verfügung steht (vgl. Tabelle 1).

Wegen der Handwickeltechnik wurde entschieden, auch die Kompensationswicklung mit HF-Litze 10 x 0,07 CuL/S auszuführen und die Gesamtwindungszahl

$$w_{2,Nenn} = 8000 \tag{60}$$

durch Reihenschaltung der 10 Einzelstränge zu realisieren.

Berücksichtigt man, daß für die Realisierung des Zweifadendrosselkonzepts aus Symmetriegründen insgesamt 4 Ringkerne mit den Abmessungen 42 x 30 x 10 (D_a x D_i x H, jeweils in mm) übereinander zu schichten sind, so ergibt eine Abschätzung für die mittleren Windungslängen der Steuerwicklungen Werte zwischen

$$14\,cm \leq l_w \leq 17\,cm\,. \tag{61}$$

Damit ergibt sich dann für den Wicklungswiderstand

$$R_w \leq W \cdot R' \cdot l_w = 8000 \cdot 4{,}66\frac{\Omega}{m} \cdot 0{,}17m = 6340\ \Omega\ , \qquad (62)$$

und damit weiter für die erforderliche Wicklungsspannung

$$U_w < 6340\ \Omega \cdot 10\ mA = 63{,}4\ V\ . \qquad (63)$$

Aufgrund dieses Ergebnisses mußten für die Endstufen des eingangsseitigen U/I-Konverters und des ausgangsseitigen Regelverstärkers zusätzlich zu den Aufwendungen nach Bild 24 die Versorgungsspannungen +100V und -100V bereitgestellt werden.

Bild 35 erläutert das Prinzip der DIESSELHORST-Stromteiler für die untergeordneten Dekaden; Tabelle 4 gibt eine Übersicht über die Festlegung der Einzelheiten des gesamten Schaltprogramms. Die Widerstandswerte der Diesselhorst-Ringe müssen so abgeschätzt werden, daß die Temperaturabhängigkeit des Kupferwiderstandes der beteiligten Wicklungsteile (88 Wdg., 10 Wdg., 1 Wdg.) keine störende Rolle mehr spielen kann. Die vorgeschalteten Ergänzungswiderstände in der 1. Dekade ($x10^{-1}$) und in der 3. Dekade ($x10^{-3}$) sind so zu bestimmen, daß der Gesamtwiderstand der Wicklungskaskade für alle Schalterstellungen näherungsweise konstant bleibt; andernfalls würden sich extreme Anforderungen an den Innenwiderstand des eingangsseitigen U/I-Konverters ergeben.

4.2. Schaltungsentwicklung

Zur Realisierung der mit +100V und -100V zu speisenden Endstufen des U/I-Konverters und des Regelverstärkers wurden handelsübliche Bausteine 1032 von Teledyne Philbrick eingesetzt. Bild 36 zeigt die je Steuereinheit notwendige Schaltungsergänzung einschließlich der erforderlichen 100V-Spannungsversorgung. Die in Bild 36 nicht beschrifteten RC-Zweipole sind den jeweils vorliegenden Stabilitätsproblemen des Gegenkopplungs- bzw. Regelkreises entsprechend zu dimensionieren. Mit Rücksicht auf die zusätzlichen Wicklungen für die 100V-Versorgungen mußten die beiden Netztransformatoren auf die Kerntypen SM 55 vergrößert werden. Im übrigen wurden die in Abschnitt 2.1.9 beschriebenen Schaltungsbaugruppen weitgehend unverändert übernommen. Beim Schaltungsaufbau wurden Vorkehrungen für den Fall getroffen, daß für Studienzwecke einmal eine Umstellung auf das Flächendetektorverfahren erfolgen soll.

4.3. Komparatorentwicklung

Bild 37 beschreibt den Wicklungsaufbau des Komparators. Die Herstellung der Wicklungen muß mit großer Sorgfalt erfolgen, um Drahtbrüche, Isolationsschäden oder Zählfehler zu vermeiden. Um Fehlschläge rechtzeitig zu erkennen, ist nach jeder abgeschlossenen Wicklung eine Funktionsprüfung durchzuführen. Insbesondere muß die Wicklung V mit Hilfe der folgenden Wicklung VI auf Zählfehler geprüft werden. Die Wicklung VI kann - z.B. durch Einfärben der HF-Litze - noch durch Abzählen überprüft werden. Es muß dann möglich sein, den Durchflutungsbeitrag e i n e s Stranges der Wicklung V durch die z e h n

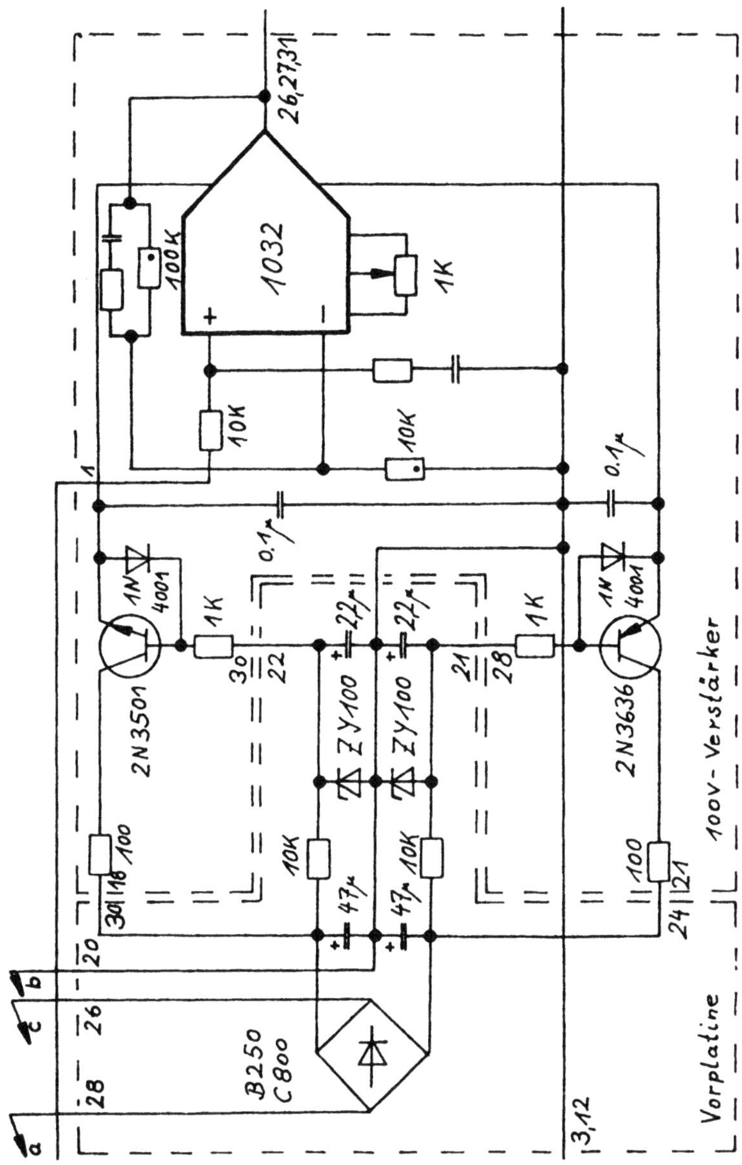

Bild 36. 100V-Endstufe und zugehörige Spannungsversorgung zur Speisung der Steuerwicklungen.

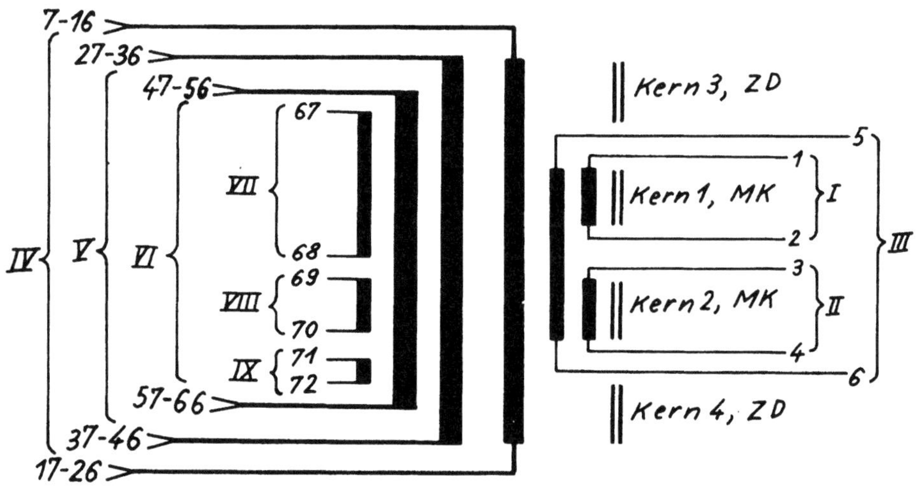

Ringkern 1	Ringkern 2
Ultraperm 10 TK, 42x30 - 0,1x10, U-03, Fix 020/1	
I Modulationswicklung 66 Wdg. 0,22 CuL	II Modulationswicklung 66 Wdg. 0,22 CuL

Wicklungen mit Isolierlack fixieren. Kernzwischenlagen beiderseitig 0,05mm Hostaphan, dazwischen Abstandsring 1mm Isolierpappe. Kerne 1 und 2 gemeinsam mit Hostaphan bandagieren.

Ringkerne 1 und 2

III Detektorwicklung 300 Wdg. 0,12 CuL
Wicklung mit Isolierlack fixieren und mit 0,05 mm Hostaphan bandagieren.

Ringkerne 3 und 4

Vacoperm 100 TK, 42x30 - 0,1x10, B-03, Fix 350, auf Hostaphan-Bandage aufkleben.

Ringkerne 1, 2, 3 und 4

IV Kompensationswicklung 800 Wdg. 10x0,07 CuL/S
Isolierlackfixierung und 0,05 mm Hostaphan-Bandage.
Zweitbandage mit 0,1 mm Ölseide. Tränklackbehandlung.

V Eingangswicklung 800 Wdg. 10x0,07 CuL/S
Isolierlackfixierung und 0,05 mm Hostaphan-Bandage.

VI	80 Wdg. 10x0,07 CuL/S
VII	88 Wdg. dto., parallel.
VIII	10 Wdg. dto., parallel.
IX	1 Wdg. dto., parallel.

Wicklung mit Isolierlack fixieren und mit 0,1 mm Ölseide bandagieren. Tränklackbehandlung.

Bild 37. Wicklungsaufbau des Komparators für den potentialunabhängigen Proportionalkompensator.

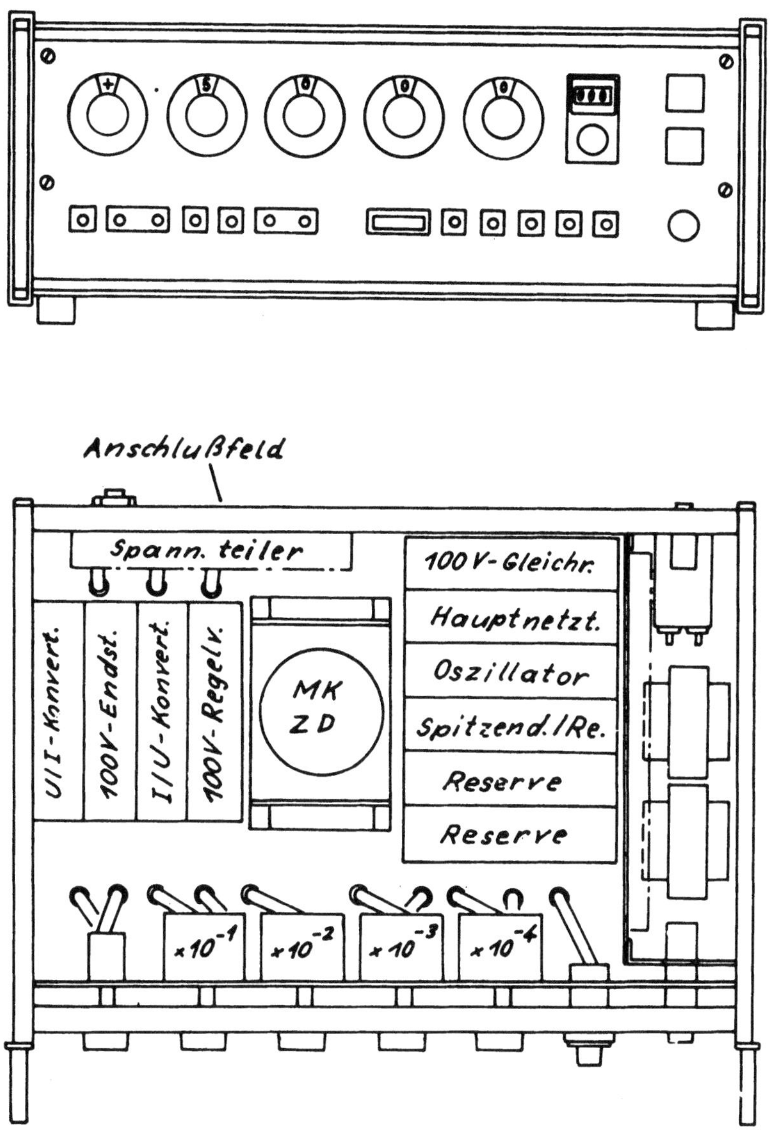

Bild 38. Technischer Aufbau des potentialunabhängigen Proportionalkompensators in einem Kleingeräte-Gehäuse Typ "alupac" der Firma Schroff.

in Reihe geschalteten Stränge der Wicklung VI genau aufzuheben; ein Zählfehler von einer Windung ist bei diesem Verfahren mühelos erkennbar.

Der fertig bewickelte Komparator wurde in eine Mumetallabschirmung Typ RB 55 e (60mmØ x 62mm) eingesetzt [25], um magnetische Umgebungseinflüsse vom Komparator fernzuhalten. Die 36 Adern der Wicklung wurden auf drei Anschlußfeldern entsprechend dem Gesamtschaltbild 34 "ausrangiert". Nach Fertigstellung und Prüfung aller Anschlüsse wurden sämtliche Leitungsenden mit Isolierlack festgelegt, um spätere Drahtbrüche zu verhindern. Die gesamte Komparatorbaugruppe bildet eine steckbare Einheit, die jederzeit prüf- und austauschbar ist.

4.4. Technischer Aufbau

Bild 38 zeigt den Aufbau des Kompensators in einem handelsüblichen Kleingeräte-Gehäuse. Alle Elektronik-Baugruppen sind ebenso wie die Komparator-Einheit steckbar und damit austauschbar. Zwei Reserveplätze halten die Möglichkeit offen, zu einem späteren Zeitpunkt auch ein Betriebssystem nach dem Flächendetektorverfahren zu ergänzen.

4.5. Fehleranalyse

Die Bilder 39 und 40 sowie Tabelle 5 zeigen die Ergebnisse einer ersten Fehleranalyse nach der Inbetriebsetzung des Kompensators.

Bild 39 zeigt das Nullpunktverhalten. Nach dem Einschalten läßt sich zunächst über fast 24 Stunden die nachwirkungsbedingte Nullpunktdrift verfolgen. Schaltmanöver über den vollen Nennbereich führen zu Hystereseeffekten, die aber innerhalb der Fehlergrenzen $\pm\ 10^{-5} U_{A,Nenn}$ bleiben und innerhalb einer Minute auf einen Restfehler von etwa $0{,}2 \cdot 10^{-5}$ abklingen. Der erste Temperaturerhöhungsversuch hinterläßt den aus früheren Untersuchungen bekannten irreversiblen "Nachwirkungsschub", während die Wiederholungszyklen praktisch nur noch reversible Nullpunktänderungen verursachen. Alle Effekte bleiben weit unter $10^{-5} U_{A,Nenn}$.

Bild 40 zeigt das Ergebnis einer Linearitätskontrolle nach dem Differenzverfahren. Hierbei wurden Eingangs- und Ausgangsklemmenpaar des Kompensators (in der Schaltstellung 1:1) gegensinnig in Reihe geschaltet, um die Spannungsdifferenz zwischen Eingang und Ausgang direkt messen zu können. Die Fehler bleiben ebenfalls unter $10^{-5} U_{A,Nenn}$.

Tabelle 5 zeigt das Ergebnis einer Schaltstufen-Kontrolle mit Hilfe eines 5 1/2 - stelligen Digitalvoltmeters. Die erkennbaren Fehler liegen im Bereich der Auflösungsunschärfe des Digitalvoltmeters.

Das Verhältnis U_A/U_E hängt von den Bezugswiderständen im U/I- und im I/U-Konverter ab. Für die bisher durchgeführten Messungen wurden Präzisions-Drahtwiderstände Typ "Econistor" (Hersteller: General Resistance Inc.) in Verbindung mit einer Fein-

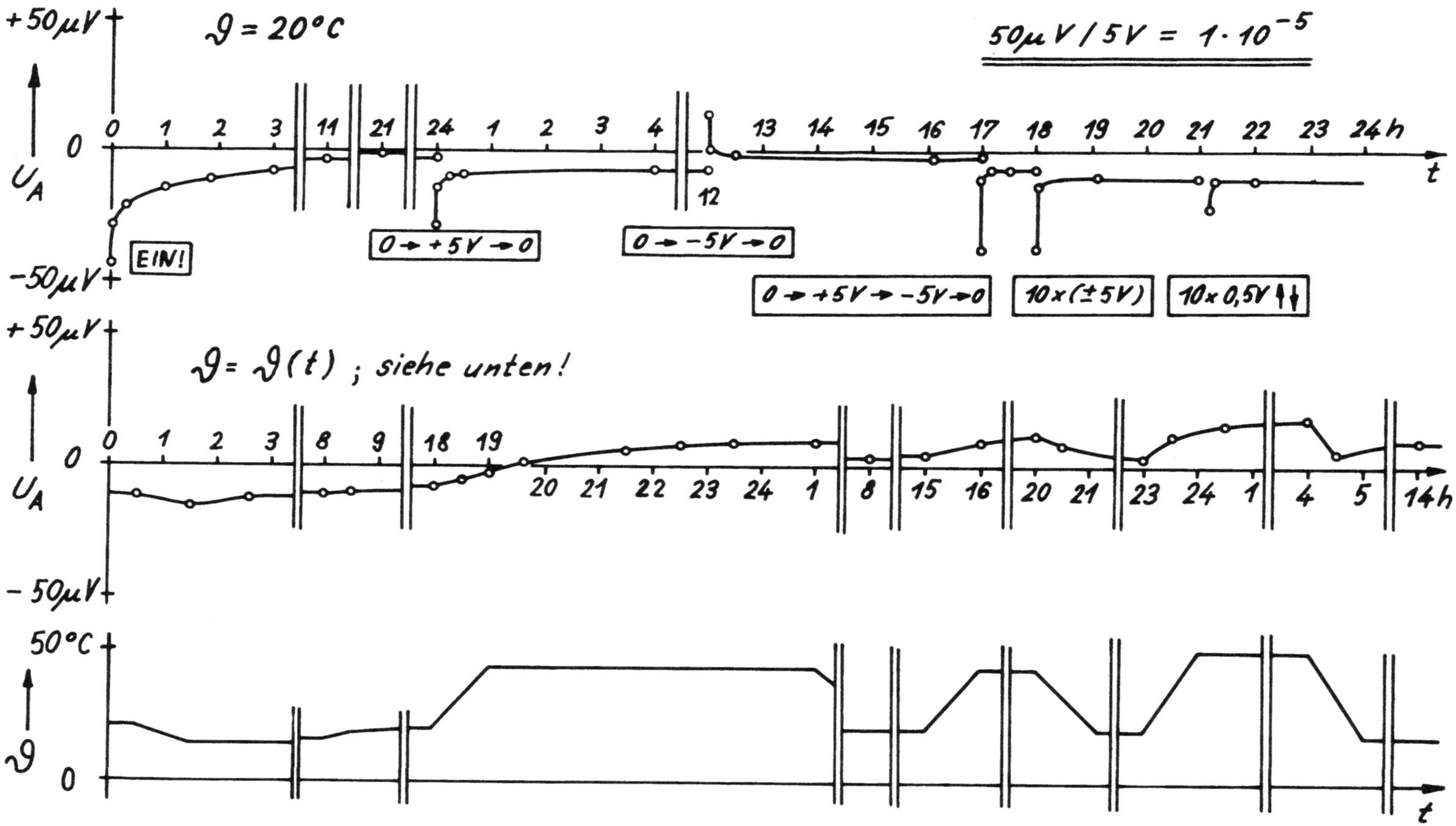

Bild 39. Nullpunktverhalten des potentialunabhängigen Proportionalkompensators. Zeitmaßstab modulo 24h. Oberes Bild: Schaltmanöver. Unten: Temperaturzyklen.

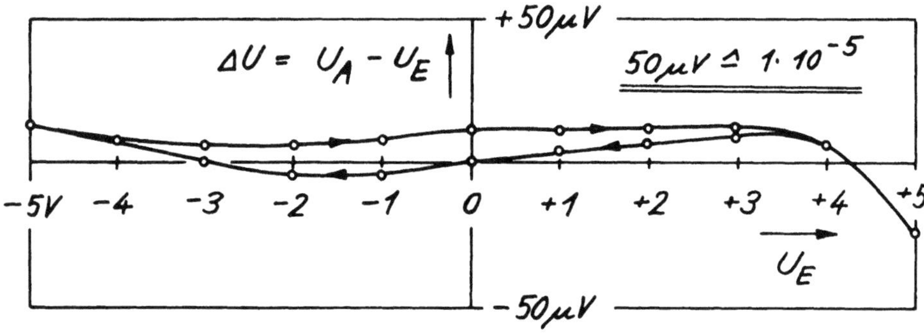

Bild 40. Ergebnis einer Linearitätskontrolle nach dem Differenzverfahren (Gegenreihenschaltung von Eingangs- und Ausgangsklemmenpaar mit Spannungsdifferenzmessung).

$\times 10^{-1}$ RATIO	U_A/U_E	$\times 10^{-2}$ RATIO	U_A/U_E
1.00000	1.00000	0.50000	0.50001
0.90001	0.90001	0.51000	0.51001
0.80000	0.80001	0.52001	0.52001
0.70000	0.70001	0.53001	0.53001
0.60000	0.60001	0.54001	0.54001
0.50000	0.50001	0.55001	0.55001
0.40000	0.40000	0.56001	0.56001
0.30000	0.30001	0.57001	0.57001
0.20000	0.20001	0.58001	0.58001
0.10001	0.10001	0.59001	0.59001
0.00000		0.60001	

$\times 10^{-3}$ U_A	$\times 10^{-4}$ U_A	$\times 10^{-5}$ U_A
0.000000 V	0.000000 V	0.000000 V
0.010000	0.001001	0.000103
0.019999	0.002001	0.000201
0.029999	0.003000	0.000302
0.039999	0.004000	0.000402
0.049999	0.005000	0.000501
0.059999	0.006000	0.000600
0.069999	0.006998	0.000701
0.079999	0.007999	0.000802
0.089999	0.008999	0.000903
0.099999	0.009999	0.001003

Tabelle 5. Ergebnis einer Schalterkontrolle mit Hilfe eines 5 1/2 - stelligen Digitalvoltmeters (DANA 5900).

einstellmöglichkeit benutzt. Für diese Widerstände wird ein Temperaturkoeffizient von maximal $5 \cdot 10^{-6}/^{o}C$ und eine Langzeitinkonstanz von $35 \cdot 10^{-6}$/Jahr angegeben. Hier ist für die Zukunft noch eine Verbesserung erforderlich, die voraussichtlich durch den Übergang auf Hochpräzisions-Metallschichtwiderstände mit garantiertem Gleichlaufverhalten ("Tracking") von besser als $2 \cdot 10^{-6}/^{o}C$ und garantierter Langzeitkonstanz von besser als $5 \cdot 10^{-6}$/5000h (z.B. Vishay Typ HFE) erreicht werden kann.

Zusammenfassung

Ein potentialunabhängiger Proportionalkompensator ist eine vierpolähnliche Übertragungseinrichtung, die eine zu einer vorgegebenen Gleichspannung U_E proportionale Kompensationsspannung $U_A = k \cdot U_E$ in einen anderen Stromkreis einzuspeisen vermag, ohne daß es durch die Einfügung des Kompensators zu einer störenden galvanischen Verbindung zwischen den beteiligten Stromkreisen kommt; hierbei soll k präzise einstellbar sein. In der vorliegenden Arbeit wird über die Realisierung eines derartigen Gerätes mit Hilfe eines magnetischen Komparators berichtet. Hysterese- und Nachwirkungseffekte bei den in Betracht gezogenen magnetischen Kernmaterialien können zu Übertragungsfehlern zwischen etwa 10^{-4} und 10^{-7} des Nennbereiches führen. Das realisierte Gerät gehört der Genauigkeitsklasse 10^{-5} an.

Schlußwort

Die vorliegende Arbeit wurde vom Ministerium für Wissenschaft und Forschung des Landes Nordrhein-Westfalen finanziert. Die Verfasser danken für die Bereitstellung der Mittel.

Dank gebührt auch den Herren J. Kogel und J. Etschenberg, die im Rahmen ihrer Graduierungsarbeiten wertvolle Beiträge zum Gelingen dieser Arbeit geleistet haben. Herrn P. Richmann danken wir für eine vorbereitende Untersuchung.

Frau Hemprich und Herrn Drescher danken wir für mancherlei Mühe, die mit der Verwaltung des Forschungsvorhabens verbunden war.

Literaturhinweise

[1] Rommel, K., Modulationsfreier Gleichstrom-Trennverstärker. Archiv für Technisches Messen (ATM), Blatt Z 634-19, Lieferung 454, November 1973.

[2] Williams, F.C., Noble, S.W., The fundamental limitations of the second harmonic type of magnetic modulator as applied to the amplification of small d.c. signals. J. IEE (London), vol. 97, pt. 2, Aug. 1950, pp. 445-459.

[3] Felch, E.P., Legg, V.E., Merrill, F.G., Magnetic Modulators. Electronics, February 1952, pp. 113-117.

[4] Kusters, N.L., The Precise Measurement of Current Ratios. IEEE Transact. Instr. Measur. IM-13(1964), S. 197-209.

[5] Kusters, N.L., Moore, W.J., Miljanic, P.N., A Current Comparator for the Precision Measurement of D.C. Ratios. IEEE Transact. Commun. Electron. CE-83(1964), S. 22-27.

[6] Kusters, N.L., McMartin, M.P., A Direct Current Comparator for 20.000 Amperes. IEEE Transact. Magnetics MAG-1(1965), S. 396-402.

[7] Kusters, N.L., Basu, S.K., Comparison of Standard Resistors by the DC Current Comparator. IEEE Transact. Instr. Measur. IM-14(1965)3, S. 149-156.

[8] Kusters, N.L., McMartin, M.P., A Direct Current Comparator Ratio Bridge for Four-Terminal Resistance Measurement. IEEE Transact. Instr. Measur. IM-15(1966)4, S. 212-220.

[9] Kusters, N.L., Der Stromkomparator und seine Anwendung bei der Messung großer Wechsel- und Gleichströme. Messtechnik (1968), H. 10, S. 250-257.

[10] Kusters, N.L., McMartin, M.P., The Application of the Direct Current Comparator to a Seven-Decade Potentiometer. IEEE Transact. Instr. Measur. IM-17(1968)4, S. 263-268.

[11] Kusters, N.L., McMartin, M.P., A Direct-Current-Comparator Bridge for Measuring Shunts up to 20000 Amperes. IEEE Transact. Instr. Measur. IM-18(1969)4, S. 266-271.

[12] Sutcliffe, J., Meßbrücke und Kompensator nach dem Gleichstrom-Komparator-Prinzip. Messtechnik (1970)4, S. 79-83.

[13] Kusters, N.L., McMartin, M.P., Direct-Current Comparator Bridge for Resistance Thermometry. IEEE Transact. Instr. Measur. IM-19(1970)4, S. 291-297.

[14] Kusters, N.L., McMartin, M.P., A Direct Current Comparator Bridge for High Resistance Measurements. IEEE Transact. Instr. Meas. IM-22(1973)4, S. 382-386.

[15] Hahlbohm, H.D., Luther, H., Nullpunktsempfindlichkeit von Präzisions-Gleichstromkomparatoren. PTB-Mitteilungen (1969)3, S. 156-162.

[16] Hughes, E., Magnetic Characteristics of Nickel-Iron Alloys with Alternating Magnetizing Forces. J. Inst. E. E. 79 (1936), S. 213-223.

[17] Heck, C., Magnetische Werkstoffe und ihre technische Anwendung. Hüthig-Verlag, Heidelberg, 2. Aufl., 1975.

[18] Harvey, I.K., A precise low temperature dc ratio transformer. Rev. sci. Instrum. 43(1972), p. 1626.

[19] Grohmann, K., Hahlbohm, H.D., Lübbig, H., Ramin, H., Construction Principles and Properties of Ironless DC and AC Current Comparators with Superconducting Shields. PTB-Mitteilungen (1973)5, S. 313-318.

[20] Richmann, P., Entwicklung eines magnetischen Komparators. Diplomarbeit Nr. 729, Rh.-W. T. H. Aachen, Institut für Technische Elektronik (Prof. Dr. H. Lueg).

[21] Luther, H., Präzisions-Gleichspannungskompensatoren II, Archiv für Technisches Messen (ATM), Blatt J 931-11, Lieferung 408, Januar 1970.

[22] Firmenschrift "Weichmagnetische Werkstoffe". Vacuumschmelze GmbH., Hanau. FS-M7, Ausgabe 1971.

[23] Kogel, J., Aufbau und Erprobung eines magnetischen Komparators. Graduierungsarbeit, Fachhochschule Aachen, FB5, Laboratorium für Elektrische Meßtechnik.

[24] Etschenberg, J., Entmagnetisierungseinrichtung für einen magnetischen Komparator. Graduierungsarbeit, Fachhochschule Aachen, FB5, Laboratorium für Elektrische Meßtechnik.

[25] Firmenschrift "Magnetische Abschirmungen". Vacuumschmelze GmbH., Hanau. FS-M9, Ausgabe 1969.

[26] Kronmüller, H., Nachwirkung in Ferromagnetika. Springer, Berlin 1968.

[27] Lambeck, M., Barkhausen-Effekt und Nachwirkung in Ferromagnetika. W. de Gruyter, Berlin 1971.

[28] Hütte, 28. Auflage, IVB, Elektrotechnik, Teil B, S. 246 bis 257.

[29] Preece, I., Thomas, R., The Effects of Various Stresses on Mumetall. IEEE Transact. Magnetics, 1971, S. 554-557.

[30] Feldtkeller, R., Sorger, G., Die Jordan-Nachwirkung in ferromagnetischen Blechen. Ztschr. f. angewandte Physik, 6(1954)9, S. 390-396.

[31] Helke, H., Gleichstrommeßbrücken, Gleichspannungskompensatoren und ihre Normale. Oldenbourg, München 1974.

FORSCHUNGSBERICHTE
des Landes Nordrhein-Westfalen

Herausgegeben
vom Minister für Wissenschaft und Forschung

Die „Forschungsberichte des Landes Nordrhein-Westfalen" sind in zwölf Fachgruppen gegliedert:

Geisteswissenschaften
Wirtschafts- und Sozialwissenschaften
Mathematik / Informatik
Physik / Chemie / Biologie
Medizin
Umwelt / Verkehr
Bau / Steine / Erden
Bergbau / Energie
Elektrotechnik / Optik
Maschinenbau / Verfahrenstechnik
Hüttenwesen / Werkstoffkunde
Textilforschung

WESTDEUTSCHER VERLAG
5090 Leverkusen 3 · Postfach 30 06 20

GPSR Compliance

The European Union's (EU) General Product Safety Regulation (GPSR) is a set of rules that requires consumer products to be safe and our obligations to ensure this.

If you have any concerns about our products, you can contact us on ProductSafety@springernature.com

In case Publisher is established outside the EU, the EU authorized representative is:

Springer Nature Customer Service Center GmbH
Europaplatz 3
69115 Heidelberg, Germany

Batch number: 10584556

Printed by Printforce, the Netherlands